Thomas Frey

SAM - Fortschrittsberichte Band 7

Thomas Frey

SAM - Fortschrittsberichte Band 7

Numerische und experimentelle Untersuchungen der 3D-Grenzschichtströmung in Wandnähe hochumlenkender Tandem-Gitter

Südwestdeutscher Verlag für Hochschulschriften

Impressum / Imprint

Bibliografische Information der Deutschen Nationalbibliothek: Die Deutsche Nationalbibliothek verzeichnet diese Publikation in der Deutschen Nationalbibliografie; detaillierte bibliografische Daten sind im Internet über http://dnb.d-nb.de abrufbar.
Alle in diesem Buch genannten Marken und Produktnamen unterliegen warenzeichen-, marken- oder patentrechtlichem Schutz bzw. sind Warenzeichen oder eingetragene Warenzeichen der jeweiligen Inhaber. Die Wiedergabe von Marken, Produktnamen, Gebrauchsnamen, Handelsnamen, Warenbezeichnungen u.s.w. in diesem Werk berechtigt auch ohne besondere Kennzeichnung nicht zu der Annahme, dass solche Namen im Sinne der Warenzeichen- und Markenschutzgesetzgebung als frei zu betrachten wären und daher von jedermann benutzt werden dürften.

Bibliographic information published by the Deutsche Nationalbibliothek: The Deutsche Nationalbibliothek lists this publication in the Deutsche Nationalbibliografie; detailed bibliographic data are available in the Internet at http://dnb.d-nb.de.
Any brand names and product names mentioned in this book are subject to trademark, brand or patent protection and are trademarks or registered trademarks of their respective holders. The use of brand names, product names, common names, trade names, product descriptions etc. even without a particular marking in this works is in no way to be construed to mean that such names may be regarded as unrestricted in respect of trademark and brand protection legislation and could thus be used by anyone.

Coverbild / Cover image: www.ingimage.com

Verlag / Publisher:
Südwestdeutscher Verlag für Hochschulschriften
ist ein Imprint der / is a trademark of
OmniScriptum GmbH & Co. KG
Heinrich-Böcking-Str. 6-8, 66121 Saarbrücken, Deutschland / Germany
Email: info@svh-verlag.de

Herstellung: siehe letzte Seite /
Printed at: see last page
ISBN: 978-3-8381-3945-6

Zugl. / Approved by: Kaiserslautern, TU, Diss., 2014

Copyright © 2014 OmniScriptum GmbH & Co. KG
Alle Rechte vorbehalten. / All rights reserved. Saarbrücken 2014

Vorwort

Die vorliegende Arbeit entstand während meiner Tätigkeit als wissenschaftlicher Mitarbeiter am Lehrstuhl für Strömungsmechanik und Strömungsmaschinen der Technischen Universität Kaiserslautern.

Mein besonderer Dank gilt Herrn Prof. Dr.-Ing. Martin Böhle, dessen Neugier und Interesse an diesem Thema diese Arbeit im vorliegenden Umfang ermöglicht hat. Durch seine fachliche Unterstützung hat er wesentlich zum Gelingen dieser Arbeit beigetragen.

Weiterhin danke ich Herrn Prof. Dr.-Ing. Thomas Carolus für die Übernahme der Berichterstattung und Herrn Prof. Dr.-Ing. Rudolf Flierl für die Übernahme des Vorsitzes der Prüfungskommission.

Ich danke allen meinen wissenschaftlichen Hilfskräfen, Studien- und Diplom- sowie Bachelor- und Masterarbeitern für die tatkräftige Unterstützung und die gute Zusammenarbeit.

Bei meinen Kollegen bedanke ich mich für die fachlichen Gespräche, Anregungen und die enorme akustische Toleranz in Gebäude 63.

Besonderer Dank gilt meiner Familie. Meiner Frau Katharina, die mir vor allem gegen Ende der Arbeit oft den Rücken frei gehalten hat, um die Arbeit erfolgreich abzuschließen und meinen Eltern, die stets aufmerksam meine Fortschritte verfolgt haben und am Gelingen der Arbeit niemals zweifelten.

Kaiserslautern, im März 2014　　　　　　　　　　　　　　　　Thomas Frey

Inhaltsverzeichnis

Abbildungsverzeichnis	**IV**
Tabellenverzeichnis	**VIII**
Abstract	**XIV**
Kurzfassung	**XVI**

1 Einleitung **1**
    1.1 Problemstellung 1
    1.2 Übersicht über die grundlegenden Arbeiten 4
    1.3 Zielsetzungen 9

2 Auslegung der Gitter **13**
    2.1 Verwendete Profile 13
    2.2 Definition der Umlenkaufgabe 14
    2.3 Parameter am Einzel- und Tandemgitter 15
    2.4 Auswahlverfahren der Tandemgitter 20
    2.5 Referenz Einzelgitter 28

3 Experimenteller Aufbau **29**
    3.1 Beschreibung des Versuchsstands 29
        3.1.1 Aufbau des Gitterwindkanals 29
        3.1.2 Fünflochsondenmessung 32
        3.1.3 Massenmittelung der Sondenmessung 37
        3.1.4 Zuströmbedingungen der Messstrecke 38
        3.1.5 Druckverteilung auf den Schaufelprofilen 40
        3.1.6 Erstellung von Ölanstrichbildern 43

3.2	Kalibrierung der Fünflochsonde		45
	3.2.1	Beschreibung des Kalibrierprüfstands	45
	3.2.2	Messgrößen bei der Kalibrierung	47
	3.2.3	Erstellung der Kalibrierkurven	49

4 Numerische Strömungsberechnung   53

4.1	Grundlagen der numerischen Strömungssimulation		53
	4.1.1	Erhaltungssätze der Strömungsmechanik	53
	4.1.2	Vereinfachung der Bewegungsgleichungen	55
	4.1.3	Lösung der Navier-Stokes-Gleichungen mit numerischen Methoden	55
	4.1.4	Behandlung der Turbulenz	56
	4.1.5	Berechnung der Strömung in der Grenzschicht	58
	4.1.6	Das Spalart-Allmaras Turbulenzmodell	59
4.2	Diskretisierung des Strömungsgebietes		61
4.3	Simulationseinstellungen		62

5 Ergebnisse   65

5.1	Zweidimensionales Strömungsverhalten der Gitterströmungen		65
5.2	Dreidimensionales Strömungsverhalten der Gitterströmungen		81
	5.2.1	Sekundärströmung in Einzel- und Tandemgittern	81
	5.2.2	Strömungsstruktur an der Seitenwand und auf den Profiloberflächen	87
	5.2.3	Vergleich der Strömungsgrößen im Nachlauf der Gitter	135
	5.2.4	Massenmittelung der Strömungsgrößen im Nachlauf der Gitter	156

6 Zusammenfassung   163

6.1	Untersuchungen	163
6.2	Ergebnisse	164
6.3	Ausblick	167

Literaturverzeichnis **169**

Abbildungsverzeichnis

1.1 Einzelgitter und Tandemgitter im Vergleich 2
1.2 Einfluss der Enthalpiekenngröße auf das Schaufelhöhenverhältnis nach [1] 3

2.1 Parameter am Einzel- und Tandemgitter 16
2.2 Lieblein Diffusionsfaktor und Lei Diffusionsparameter in Abhängigkeit vom Teilungsverhältnis 24
2.3 Cascade A, B, A1, B1 25
2.4 Einzelgitter 28

3.1 Komponenten des Gitterwindkanals 30
3.2 Geschwindigkeit in der Grenzschicht des Gitterwindkanals 40
3.3 Beispielhaftes Profil zur Messung der Druckverteilung 42
3.4 Sondenverstellung am Kalibrierprüfstand 46
3.5 Rohrstrecke nach DIN EN ISO 5167 48
3.6 Strömungswinkel an der Fünflochsonde 49
3.7 k_p und k_{pt} in Abhängigkeit von k_β und k_γ mit β und γ als Variablen 50

4.1 Geschwindigkeitsprofil einer turbulenten Grenzschicht in Abhängigkeit vom Wandabstand 59
4.2 Beispielhafte Struktur des verwendeten Rechennetzes 62
4.3 Beispielhaftes Strömungsgebiet für die 3D-CFD Simulation mit Randbedingungen 64

5.1 Gesamtdruckverlustbeiwert ζ entlang einer Teilung des Einzelgitters für verschiedene Betriebspunkte 68
5.2 Gesamtdruckverlustbeiwert ζ entlang einer Teilung von Cascade A für verschiedene Betriebspunkte 69

5.3 Gesamtdruckverlustbeiwert ζ entlang einer Teilung von Cascade B für verschiedene Betriebspunkte 70

5.4 Gesamtdruckverlustbeiwert ζ entlang einer Teilung von Cascade A1 für verschiedene Betriebspunkte 71

5.5 Gesamtdruckverlustbeiwert ζ entlang einer Teilung von Cascade B1 für verschiedene Betriebspunkte 72

5.6 2D CFD-Ergebnisse und Messergebnisse der Kanalmitte: Massengemittelter Gesamtdruckverlustbeiwert $\bar{\zeta}_t$ (Oben), massengemittelte Umlenkung $\overline{\Delta \beta_t}$ (Mitte) und maximales Axialgeschwindigkeitsverhältnis μ_{max} (Unten) in Abhängigkeit vom Anströmwinkel β_{11} . 78

5.7 Entwicklung der Sekundärströmung im Einzelgitter 85

5.8 Entwicklung der Sekundärströmung im Tandemgitter 86

5.9 Numerisches und experimentelles Anstrichbild der Seitenwand des Einzelgitters bei einem Anströmwinkel von 40° 91

5.10 Numerisches und experimentelles Anstrichbild der Seitenwand des Einzelgitters bei einem Anströmwinkel von 50° 92

5.11 Numerisches und experimentelles Anstrichbild der Seitenwand des Einzelgitters bei einem Anströmwinkel von 56° 93

5.12 Wandstromlinien auf der Saugseite des Einzelgitters 94

5.13 Numerisches und experimentelles Anstrichbild der Seitenwand von Cascade A bei einem Anströmwinkel von 40° 100

5.14 Numerisches und experimentelles Anstrichbild der Seitenwand von Cascade A bei einem Anströmwinkel von 50° 101

5.15 Numerisches und experimentelles Anstrichbild der Seitenwand von Cascade A bei einem Anströmwinkel von 56° 102

5.16 Wandstromlinien auf der Saugseite von Cascade A 103

5.17 c_p-Verteilung von Cascade A 104

5.18 Numerisches und experimentelles Anstrichbild der Seitenwand von Cascade A1 bei einem Anströmwinkel von 40° 109

5.19 Numerisches und experimentelles Anstrichbild der Seitenwand von Cascade A1 bei einem Anströmwinkel von 50° 110

5.20 Numerisches und experimentelles Anstrichbild der Seitenwand von Cascade A1 bei einem Anströmwinkel von 56° 111

5.21 Wandstromlinien auf der Saugseite von Cascade A1 112

5.22 c_p-Verteilung von Cascade A1 113

5.23 Numerisches und experimentelles Anstrichbild der Seitenwand von Cascade B bei einem Anströmwinkel von 40° 119

5.24 Numerisches und experimentelles Anstrichbild der Seitenwand von Cascade B bei einem Anströmwinkel von 50° 120

5.25 Numerisches und experimentelles Anstrichbild der Seitenwand von Cascade B bei einem Anströmwinkel von 56° 121

5.26 Wandstromlinien auf der Saugseite von Cascade B 122

5.27 c_p-Verteilung von Cascade B 123

5.28 Numerisches und experimentelles Anstrichbild der Seitenwand von Cascade B1 bei einem Anströmwinkel von 40° 128

5.29 Numerisches und experimentelles Anstrichbild der Seitenwand von Cascade B1 bei einem Anströmwinkel von 50° 129

5.30 Numerisches und experimentelles Anstrichbild der Seitenwand von Cascade B1 bei einem Anströmwinkel von 56° 130

5.31 Wandstromlinien auf der Saugseite von Cascade B1 131

5.32 c_p-Verteilung von Cascade B1 132

5.33 Örtlicher Gesamtdruckverlustbeiwert ζ in der Messebene des Einzelgitters 138

5.34 Über der Teilung massengemittelter Gesamtdruckverlustbeiwert ζ in Abhängigkeit der Schaufelhöhe in der Messebene des Einzelgitters 139

5.35 Örtlicher Gesamtdruckverlustbeiwert ζ in der Messebene von Cascade A 143

5.36 Über der Teilung massengemittelter Gesamtdruckverlustbeiwert ζ in Abhängigkeit der Schaufelhöhe in der Messebene von Cascade A 144

5.37 Örtlicher Gesamtdruckverlustbeiwert ζ in der Messebene von Cascade A1 148

5.38 Über der Teilung massengemittelter Gesamtdruckverlustbeiwert ζ in Abhängigkeit der Schaufelhöhe in der Messebene von Cascade A1 149

5.39 Örtlicher Gesamtdruckverlustbeiwert ζ in der Messebene von Cascade B 151

5.40 Über der Teilung massengemittelter Gesamtdruckverlustbeiwert ζ in Abhängigkeit der Schaufelhöhe in der Messebene von Cascade B 152

5.41 Örtlicher Gesamtdruckverlustbeiwert ζ in der Messebene von Cascade B1 154

5.42 Über der Teilung massengemittelter Gesamtdruckverlustbeiwert ζ in Abhängigkeit der Schaufelhöhe in der Messebene von Cascade B1 155

5.43 3D CFD-Ergebnisse und Messergebnisse der Messebene: Massengemittelter Gesamtdruckverlustbeiwert $\bar{\zeta}$ (Oben), massengemittelte Umlenkung $\overline{\Delta\beta}$ (Mitte) und maximales Axialgeschwindigkeitsverhältnis μ_{max} (Unten) in Abhängigkeit vom Anströmwinkel β_{11} . . . 158

5.44 Korrigierte massengemittelte Gesamtdruckverlustbeiwerte der 2D-Ergebnisse (Oben) und 3D-Ergebnisse (Unten) 159

Tabellenverzeichnis

2.1 Festgelegte und berechnete Tandemparameter 22
2.2 Parameter Cascade A 26
2.3 Parameter Cascade B 26
2.4 Parameter Cascade A1 27
2.5 Parameter Cascade B1 27
2.6 Parameter des Einzelgitters 28
3.1 Schrittweite des Messgitters bei Fünflochsondenmessungen 33

Nomenklatur

Einheiten

Zeichen	Bedeutung
kg	Kilogramm
m	Meter
s	Sekunde
K	Kelvin
Pa	Pascal
$°$	Grad

Formelzeichen

Zeichen	Bedeutung	Einheit
b	Schaufelhöhe	m
c	Geschwindigkeit	m/s
c_p	statischer Druckbeiwert	
d	Schaufeldicke	m
i	Incidence	$°$
$(i_0)_{10}$	Incidence eines ungewölbten Profils mit einer maximalen Dicke von 10%	$°$
k_β	Kennzahl für β	
k_γ	Kennzahl für γ	
k_p	Kennzahl für $p_{stat,2}$	
k_{pt}	Kennzahl für $p_{tot,2}$	
l	Profillänge	m

Nomenklatur

l_x	axialer Abstand zwischen LE und TE eines Profils	m
m	Neigungsfaktor in Verbindung mit Deviation	
n	Neigungsfaktor in Verbindung mit Incidence	
p	Druck	Pa
p_0	Fünflochsonde: Druck an der 0-ten Bohrung	Pa
p_1	Fünflochsonde: Druck an der 1-ten Bohrung	Pa
p_2	Fünflochsonde: Druck an der 2-ten Bohrung	Pa
p_3	Fünflochsonde: Druck an der 3-ten Bohrung	Pa
p_4	Fünflochsonde: Druck an der 4-ten Bohrung	Pa
p_+	Kalibrierung Fünflochsonde: statischer Druck an der Plus-Druckentnahme der Langradiusdüse	Pa
p_-	Kalibrierung Fünflochsonde: statischer Druck an der Minus-Druckentnahme der Langradiusdüse	Pa
p_{stat}	Kalibrierung Fünflochsonde: statischer Druck an der Prandtlsonde	Pa
$p_{stat,1}$	statischer Druck in der Einströmebene	Pa
$p_{stat,2}$	berechneter statischer Druck an der Fünflochsonde	Pa
p_{tot}	Kalibrierung Fünflochsonde: Totaldruck an der Prandtlsonde	Pa
$p_{tot,1}$	Totaldruck in der Einströmebene	Pa
$p_{tot,2}$	berechneter Totaldruck an der Fünflochsonde	Pa
p_u	Kalibrierung Fünflochsonde: statischer Druck der Umgebung	Pa
q	dynamischer Druck	Pa
s	Verschiebung des AB in Teilungsrichtung	m
t	Teilung	m
u^+	dimensionslose Geschwindigkeit	
y^+	dimensionsloser Wandabstand	

AB	hinteres Schaufelprofil
AO	axiale Überlappung der Schaufeln
D	Lei Diffusionsparameter
DF	Lieblein Diffusionsfaktor
FB	vorderes Schaufelprofil
LE	Schaufelvorderkante
LS	Lastaufteilung der Schaufeln
Ma	Machzahl
N	Anzahl der Stufen
PP	Percent Pitch: PP=s/t
Re	Reynoldszahl
TE	Schaufelhinterkante
T_U	Turbulenzgrad

Griechische Formelzeichen

Zeichen	Bedeutung	Einheit
β	vertikaler Strömungswinkel bezüglich axialer Richtung	°
β_1	Kap. Gitterauslegung: Profilanströmwinkel	°
β_2	Kap. Gitterauslegung: Profilabströmwinkel	°
γ	horizontaler Strömungswinkel bezüglich axialer Richtung	°
δ	Kap. Gitterauslegung: Deviation	°
δ	Grenzschichtdicke	°
$(\delta_0)_{10}$	Deviation eines ungewölbten Profils mit einer maximalen Dicke von 10%	°

Nomenklatur

φ	Wölbungswinkel	°
λ	Staffelungswinkel	°
μ	Axialgeschwindigkeitsverhältnis	
ρ	Dichte	kg/m^3
σ	Überdeckung	
ζ	Gesamtdruckverlustbeiwert	
$\Delta\beta$	Umlenkwinkel	°
Δp	Druckdifferenz	Pa
Δx_1	Profilverschiebung in axialer Richtung	m
Δx_2	axiale Länge des Gitters	m
Ψ_z	Zweifel-Zahl	

Indizes

Zeichen	Bedeutung
eff	Effektivwert eines Gitters
ps	Druckseite
ref	Referenzwert
ss	Saugseite
$stat$	statische Größe
t	bei Mittelung: über einer Teilung
tot	Totalgröße
u	Umgebungsgröße
x	x-Koordinate / Komponente in x-Richtung
y	y-Koordinate / Komponente in y-Richtung
z	z-Koordinate / Komponente in z-Richtung

1	Größe des vorderen Schaufelprofils
2	Größe des hinteren Schaufelprofils
11	Strömungsgröße am Einströmrand
12	Strömungsgröße an der Hinterkante des FB
21	Strömungsgröße an der Vorderkante des AB
22	Strömungsgröße in der Messebene

Abstract

Tandem cascades are used in axial flow compressors where high flow deflections must be realized. In cascades where the deflection of the flow is achieved by only one blade row the realizeable deflection is limited. At high deflections the boundary layer thickens and may separate. In tandem cascades the whole deflection is separated on two airfoils. So at the leading edge of the aft blade row exists a thin, fresh and undisturbed boundary layer for the remaining deflection.

The blades of a cascade are usually designed in several coaxial sections. Every section gets an individual design of the blades dependent on the flow conditions of the section. The advantages of tandem cascades with respect to single cascades for high deflections in two-dimesnional flows are shown in the common literature. So the ideal parameters of a tandem cascade for the two dimensional flow are widely known. High deflections are mostly reqired in the last stages of multi-stage axial flow compressors where the aspect ratio of the blades is small. In cascades with small aspect ratios the impact of the wall is large and three dimensional flow phenomena must be considered. The available literature doesn't provide any information about the three-dimensional flow through tandem cascades. The flow structure near the sidewall and the losses that are generated in the three-dimensional boundary layer of tandem cascades are widely unknown. So the question arises wheter tandem cascades that generate minimum losses in a two-dimensional flow also generate minimum losses in a three-dimensional flow.

In this work the numerical and experimental results of the three-dimensional flow through tandem cascades are presented. The flows of four different tandem cascades and one compareable single cascade were investigated. The cascades consist of NACA 65 blades with circular camber lines and a small aspect ratio. They were designed using empirical correlations of Lieblein and Lei. The blade rows of the tandem cascades have different spacing ratios and additionally the percent pitch (PP) of the cascades was varied. All cascades cause a flow deflection of approximately 50° at Reynolds numbers of $8 \cdot 10^5$.

The flow structure is shown on basis of numerical and experimental oil-flow pictures and the generation of loss is identified and explained. In particular the occurence of flow phenomena like corner stall of the three-dimensional boundary layer is discussed. Numerically and experimentally determined characteristic values of the fluid mechanics are compared and finally design rules for the spacing ratio of the forward and afterward blades as well as the percent pitch (PP) of the blades are given.

Kurzfassung

Tandembeschaufelungen werden in Axialverdichtern dort eingesetzt, wo große Strömungsumlenkungen realisiert werden müssen. Beschaufelungen, bei denen die gesamte Umlenkung mit nur einem Schaufelprofil realisiert wird, stoßen dabei schnell an ihre aerodynamischen Grenzen, da es bei hohen Umlenkungen zu Grenzschichtablösung kommen kann. In Tandembeschaufelungen wird die Umlenkaufgabe auf zwei Schaufelprofile aufgeteilt. An der Vorderkante des in Strömungsrichtung liegenden hinteren Schaufelprofils existiert eine frische, dünne und ungestörte Grenzschicht für die restliche Umlenkung.

Die Auslegung einer Verdichterbeschaufelung erfolgt gewöhnlich in mehreren koaxialen Schnitten. Wickelt man einen solchen koaxialen Schnitt in eine Ebene ab, so erhält man ein sogenanntes Schaufelgitter. Die Überlegenheit von Tandemgittern bezüglich Einzelgittern bei großen Umlenkungen wurde für zweidimensionale Strömungen bereits häufig in der Literatur gezeigt. Ebenso sind für zweidimensionale Strömungen durch Tandemgitter die idealen Parameter für die relative Position der einzelnen Schaufelreihen zueinander und die Aufteilung der aerodynamischen Last auf die einzelnen Schaufelreihen bekannt. Da hohe Umlenkungen meist in den letzten Stufen von mehrstufigen Axialverdichtern gefordert sind, wo die Schaufelhöhenverhältnisse klein sind, wird der Einfluss der Seitenwände (Nabe und Gehäuse) groß und kann deshalb nicht mehr vernachlässigt werden. Bisher gibt es allerdings wenig Informationen über die Strömungsstruktur in Tandemgittern an der Seitenwand und das dreidimensionale Strömungsverhalten. Es ist daher nicht klar, ob Tandemgitterkonfigurationen, die für zweidimensionale Strömungen die geringsten Verluste erzeugen, auch in dreidimensionalen Strömungen minimale Verluste verursachen.

Kurzfassung

In dieser Arbeit werden die experimentellen und numerischen Ergebnisse von vier Tandemgitterkonfigurationen und einem Referenz-Einzelgitter vorgestellt. Die Gitter bestehen aus NACA 65 Profilen mit kleinem Schaufelhöhenverhältnis. Die Auslegung der Gitter erfolgte unter Berücksichtigung empirischer Korrelationen von Lieblein und Lei. Die Tandemgitter unterscheiden sich im Teilungsverhältnis der einzelnen Schaufelreihen und im Percent Pitch (PP). Alle Gitter bewirken eine Strömungsumlenkung von annähernd 50° bei einer Reynoldszahl von $8 \cdot 10^5$.

In dieser Arbeit wird gezeigt, wie die Strömung in Tandemgittern strukturiert ist und insbesondere wie die Sekundärströmung in Tandemgittern entsteht. Anhand der Strömungsstruktur, die mit Hilfe von numerischen und experimentellen Ölanstrichbildern der Seitenwand und der Profiloberflächen sichtbar gemacht wurde, wird die Verlustentstehung identifiziert und diskutiert. Corner Stall wird als zentrales Strömungsphänomen in Tandemgittern ausführlich auf dessen Entstehung und Ausprägung hin untersucht. Strömungsmechanische Kenngrößen, die numerisch und anhand von Messungen ermittelt wurden, werden miteinander verglichen und der Einfluss der Tandemkonfigurationen auf das Strömungsfeld im Nachlauf der Gitter wird aufgezeigt. Schließlich werden Empfehlungen gegeben, wie das Teilungsverhältnis der einzelnen Schaufelreihen und der Percent Pitch (PP) in einem Tandemgitter zu wählen ist, um minimale Strömungsverluste zu realisieren.

1 Einleitung

1.1 Problemstellung

Axialströmungsmaschinen sind im Gegensatz zu Radialströmungsmaschinen durch einen hohen Volumenstrom und niedrigen Druckaufbau pro Stufe gekennzeichnet. Sie kommen zur Realisierung höherer Druckverhältnisse meist mehrstufig zum Einsatz, wobei eine Stufe je aus einer Kombination von Rotor und Stator besteht. Ein typisches Einsatzgebiet von Axialströmungsmaschinen ist beispielsweise das Flugtriebwerk. Der im Flugtriebwerk eingesetzte Axialverdichter ist meist mehrstufig ausgeführt zur Realisierung hoher Druckverhältnisse bei großem Massendurchsatz. Die Verdichter moderner Flugtriebwerke erzielen Verdichtungsverhältnisse von mehr als 40.

Durch die abnehmende Verfügbarkeit fossiler Brennstoffe und dem damit verbundenen Preisanstieg müssen Maschinen entwickelt werden, die weniger Kraftstoff verbrauchen. Eine geringere Stufenanzahl erhöht in der Regel die Leistungsdichte und die Wirkungsgrade einer Maschine. Eine Erhöhung der Energiedichte lässt sich entweder durch eine Erhöhung der Umfangsgeschwindigkeit der Schaufelblätter und/oder durch höhere Umlenkungen der Strömung (Relativströmung im Rotor bzw. Absolutströmung im Stator) erreichen. Hierzu werden Schaufeln benötigt, die hohe Umlenkungen mit geringen Druckverlusten erzielen. Verdichterstufen, bei denen die komplette Umlenkung mit nur einem Schaufelprofil bewältigt wird, stoßen durch Grenzschichtaufdickung und Ablösung schnell an ihre Grenzen. Für Umlenkwinkel von mehr als $45°$ können Tandemgitter, also Verdichterstufen, bei denen die Umlenkaufgabe auf 2 Einzelprofile aufgeteilt wird, bessere Ergebnisse erzielen. Der Grund dafür ist, dass sich am in Strömungsrichtung hinteren Profil an der Profilvorderkante eine neue dünne Grenzschicht ausbildet. Für die

1.1. PROBLEMSTELLUNG

restliche Umlenkung ist daher die Gefahr der Grenzschichtablösung geringer. Abbildung 1.1 zeigt grafisch eine Gegenüberstellung von Einzel- und Tandemgitter.

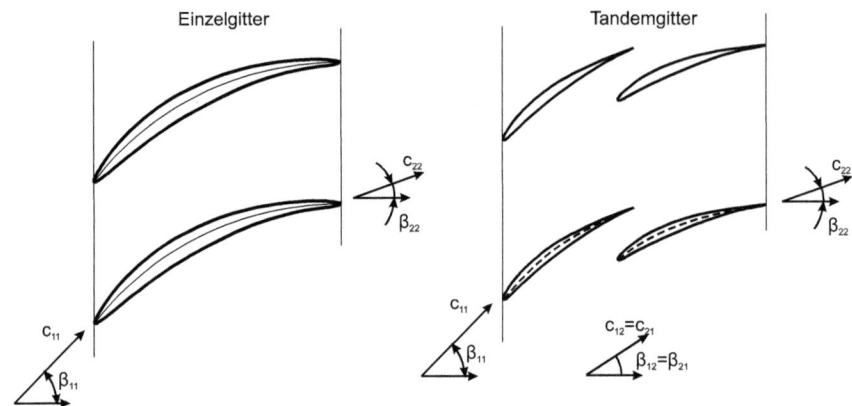

Abbildung 1.1: Einzelgitter und Tandemgitter im Vergleich

In [1] wird erläutert, dass sich geringere Stufenanzahlen außerdem durch geringere Schaufelhöhenverhältnisse realisieren lassen. In der Vergangenheit wurden allerdings bevorzugt Rotorbeschaufelungen mit großem Schaufelhöhenverhältnis eingesetzt, da sie aufgrund ihrer kürzeren Sehnenlänge leichter sind als Rotorbeschaufelungen mit kleinerem Schaufelhöhenverhältnis, obwohl kleinere Schaufelhöhenverhältnisse zu kleineren Schaufelanzahlen führen. Dadurch waren nur geringe Stufendruckverhältnisse realisierbar. Verbunden mit verbesserten Auslegungsverfahren und Materialien haben sich jedoch in den letzten Jahren, vor allem in Ventilator- und Verdichterbeschaufelungen, kleine Schaufelhöhenverhältnisse durchgesetzt [1]. Sie erzielen bessere Druckverhältnisse bei gleichen Drehzahlen, bessere Wirkungsgrade und lassen höhere Massendurchsätze zu. Dadurch verringert sich die Stufenanzahl im Vergleich zu Beschaufelungen mit großem Schaufelhöhenverhältnis bei gleichem Gesamtdruckverhältnis. Abbildung 1.2 zeigt den Einfluss des Schaufelhöhenverhältnisses auf die Enthalpiekenngröße sowie den Zusammenhang von Umfangsgeschwindigkeit und Schaufelhöhenverhältnis auf die Stufenreduzierung [1]. Die Enthalpiekenngröße beschreibt nach [1] die Änderung der Totalenthalpie längs einer Stufe und wird mit dem Quadrat der Umfangsgeschwindigkeit dimensionslos gemacht.

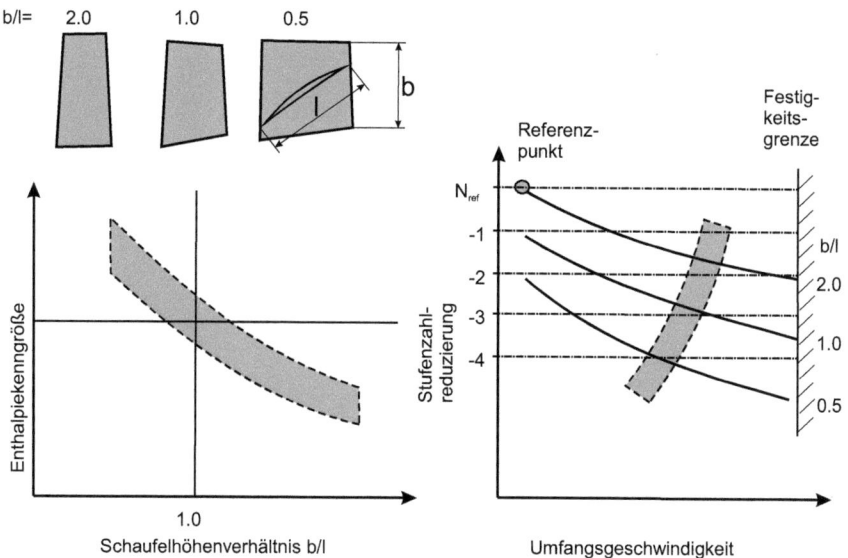

Abbildung 1.2: Einfluss der Enthalpiekenngröße auf das Schaufelhöhenverhältnis nach [1]

Während bei größeren Schaufelhöhenverhältnissen die Verluste an der Schaufelnabe eine eher untergeordnete Rolle spielen, nimmt deren Einfluss auf die Gesamtverluste mit kleiner werdendem Schaufelhöhenverhältnis immer weiter zu. Aus diesem Grund ist die Kenntnis der Strömungsstruktur im wandnahen Bereich (Nabenbereich) und deren Einfluss auf die Verlustentstehung enorm wichtig.

Die allgemein verfügbare Literatur über die Sekundärströmungen in Wandnähe von Einzelgittern ist sehr umfangreich (z.B. von Squire, Winter [2]; Hawthrone [3, 4]; Came, Marsh [5]). Über die Strömungsstruktur in Wandnähe von Tandemgittern und deren Einfluss auf die Verlustentstehung sind bisher keine Literaturstellen bekannt. Die zweidimensionale Strömung durch Tandemgitter wurde hingegen häufig untersucht, sodass die idealen Parameter bezüglich der Anordnung der Profile für die zweidimensionale Strömung weitgehend bekannt sind. Es bleibt jedoch auch hier die Frage offen, welchen Einfluss unterschiedliche Teilungsverhältnisse der einzelnen Schaufelreihen auf die Verlustentstehung und den Arbeitsbereich haben.

1.2 Übersicht über die grundlegenden Arbeiten

Die allgemein verfügbare Literatur über die zweidimensionale Strömung durch Tandemgitter ist recht umfangreich. Es stehen Ergebnisse von einer Vielzahl unterschiedlicher theoretischer und experimenteller Untersuchungen für inkompressible und kompressible Strömungen zur Verfügung. Bereits 1958 wurden von Ohasi [6] zahlreiche Untersuchungen an Tandemgittern durchgeführt. Er fand zunächst in theoretischen Untersuchungen bei Reynoldszahlen von $5 \cdot 10^5$ bezüglich Lastaufteilung auf die einzelnen Schaufelreihen heraus, dass minimale Verluste entstehen, wenn jede Schaufelreihe die gleiche Änderung der Umfangskomponente (Geschwindigkeitsanteil in Teilungsrichtung) bewirkt. Dies entspricht auch nach der heutigen Definition der Lastaufteilung einer Lastaufteilung von ca. 50%. Ohne hierbei eine Interferenz der beiden Schaufelreihen zu berücksichtigen, konnte er durch Vergleich derselben Umlenkaufgabe bei Einzelprofilen eine Grenze herausarbeiten, ab der Tandemgitter weniger Verluste erzeugen als Einzelgitter. Diese Grenze ist sowohl von Umlenkwinkel als auch dem Anströmwinkel abhängig. Anhand dieser Ergebnisse untersuchte er anschließend experimentell den Einfluss der relativen Position der einzelnen Schaufelreihen auf die Verlustentstehung. Da die Schrittweite seiner Konfigurationen relativ grobmaschig war, lassen sich aus seiner Arbeit lediglich grundlegende Aussagen darüber ableiten, in welcher Position sich Schaufel 2 in Bezug auf Schaufel 1 befinden muss. Bezüglich der Anordnung in Umfangsrichtung entstehen die geringsten Verluste, wenn Schaufel 2 sich in der nicht abgelösten und gesunden Strömung an der Druckseite der Schaufel 1 befindet. Unterschiedliche Abstände der Schaufeln in axialer Richtung hingegen hatten nahezu keinen Einfluss auf die Verlustentstehung. Ohasi's experimentelle Untersuchungen wurden mit NACA 0010, NACA 4410 und NACA 8410 Profilen bei Reynoldszahlen von ca. $2 \cdot 10^5$ durchgeführt.

Ohasi's Ergebnisse waren richtungsweisend für eine Reihe von Wissenschaftlern, die die Strömung an Tandemgittern untersuchten. Seine grundlegenden Erkenntnisse konnten häufig sowohl theoretisch als auch experimentell bestätigt werden. In guter Übereinstimmung sind beispielsweise die Ergebnisse von Raily und El-Sara [7]. Sie machten experimentelle Windkanaluntersuchungen an einem Tandemgitter und untersuchten die Änderung des Umlenkwinkels bei unterschiedlichen Staffelungswinkeln. Außerdem untersuchten sie die axiale Überlappung der Profile. Wu et al. [8] untersuchten Tandemgitter, die aus DCA Profilen bestehen, experimentell. Als Ergebnis erhielten sie einen Zusammenhang zwischen bester axialer Überlappung und bestem Abstand der Profile in Umfangsrichtung. Diese Ergebnisse stimmen auch sehr gut mit den Ergebnissen von Bammert und Staude [9] und Bammert und Beelte [10] überein. Bammert und Staude wenden in ihrer Arbeit ein potentialtheoretisches Berechnungsverfahren zur Bestimmung der idealen Konfiguration der Schaufeln an. Ihre Berechnungsmethode kann grundsätzlich auf alle Gitterströmungen angewendet werden und basiert auf einer potentialtheoretischen Berechnung der statischen Druckverteilung in Verbindung mit einer Grenzschichtberechnung. Als Ergebnis ihrer Berechnung erhalten sie den Druckverlust. Sie konnten damit zeigen, dass durch die Interferenz der Schaufelreihen die aerodynamische Last der zweiten Schaufelreihe reduziert wird. Man erkennt dies anhand der statischen Druckverteilung der Profilsaugseite. Die bes-

1.2. ÜBERSICHT ÜBER DIE GRUNDLEGENDEN ARBEITEN

ten Ergebnisse erzielten sie mit Tandemgittern, bei denen die Vorderkante der zweiten Schaufelreihe bezüglich der Hinterkante der ersten Schaufelreihe in Teilungsrichtung um ca. 70-80% der Teilung verschoben war. Unabhängig von der Verschiebung in axialer Richtung erzielten diese Tandemgitter einen um 10-18% geringeren Druckverlust als die Einzelprofile ohne gegenseitige Interferenz. Eine Überlappung der Profile in axialer Richtung hatte jedoch zur Folge, dass das hintere Profil zur Realisierung minimaler Verluste in Teilungsrichtung näher an der Druckseite des vorderen Profils angeordnet sein muss. Die numerischen Ergebnisse wurden durch Messungen in einem vierstufigen Axialkompressor validiert. Jede Stufe bestand aus einem Rotor mit Tandembeschaufelung und einem Stator mit Einzelschaufeln. Die Untersuchungen wurden an vier unterschiedlichen Tandemgittern bestehend aus NACA 65 Profilen durchgeführt, die die Strömung von $57{,}1°$ auf $43{,}3°$ umlenkten. Die Sehnenlängen der vorderen und hinteren Schaufelreihen waren nahezu identisch. Die experimentellen Ergebnisse waren in Übereinstimmung mit den zuvor berechneten Größen. In Bammerts Messungen traten die größten Verluste an der Nabe auf.

Erwähnenswert sind auch die von Hasegawa et al. [11] durchgeführten Untersuchungen. Sie wurden bei großen Machzahlen (Ma=1,4) an einem einstufigen Kompressor, bei dem der Rotor mit Tandembeschaufelung und der Stator mit Einzelschaufeln und zusätzlichem Nachleitgitter ausgeführt war, durchgeführt. In ihren Untersuchungen erreichten sie am Gehäuse die größten Verluste. Die Ergebnisse der dreidimensionalen Messungen aus [9, 10, 11] geben keinerlei Auskunft über die dreidimensionale Strömungsstruktur und die Verlustentstehung.

Bezüglich der axialen Überlappung der Schaufelreihen stimmen die Ergebnisse aller bisher genannten Arbeiten mit der Arbeit von McGlumphy [12] überein. Demnach ist weder eine positive noch eine negative axiale Überlappung zur

Reduzierung der Druckverluste in einem Tandemgitter vorteilhaft. Ausnahmen hierzu sind in der Arbeit von Bammert und Staude [9] beschrieben. Die Arbeit von McGlumphy [12] beinhaltet Ergebnisse von zahlreichen zweidimensionalen Strömungssimulationen von Tandemgittern bestehend aus NACA 65 Profilen bei moderaten Machzahlen ($Ma \approx 0,6$). Der Vergleich der Druckverluste von Tandemgittern mit denen von Lieblein [13] ermittelten Daten für Einzelgitter in Abhängigkeit von Lieblein's Diffusionsfaktor DF zeigt, dass Tandemgitter Einzelgittern für große Werte DF überlegen sind. Des Weiteren weisen Tandemgitter einen wesentlich größeren Arbeitsbereich auf als Einzelgitter. McGlumphy's Ergebnisse der zweidimensionalen Strömungssimulationen stehen in guter Übereinstimmung mit den Ergebnissen, die sich in der allgemein verfügbaren Literatur wiederfinden. Für den zweidimensionalen Fall lassen sich die folgenden Regeln ableiten:

1. Für große Umlenkungen ($>45°$) sind Tandembeschaufelungen im Hinblick auf die Verlustentstehung besser als Einzelschaufeln.

2. Die Schaufeln des Tandemgitters müssen so angeordnet sein, dass sich die in Strömungsrichtung liegende hintere Schaufel unterhalb der Druckseite der vorderen Schaufel und nach hinten versetzt befindet. Die Parameter s und Δx_1 gemäß Abbildung 2.1 sind entsprechend der Umlenkaufgabe passend zu wählen.

3. Die Aufteilung der aerodynamischen Last auf die Schaufelreihen hat großen Einfluss auf die Verlustentstehung.

In der Arbeit von McGlumphy befindet sich auch eine erste Studie über das dreidimensionale Strömungsverhalten in Tandemgittern. Es wurde ein Tandemgitter mit dreidimensionalen CFD-Simulationen untersucht, das die besten Ergebnisse in den vorangegangenen zweidimensionalen CFD-Simulationen lieferte.

1.2. ÜBERSICHT ÜBER DIE GRUNDLEGENDEN ARBEITEN

Das dreidimensionale Schaufelgitter entstand durch Extrusion der 2D Kontur. Da sein Gitter den Einsatz als Rotor mit kleinem Schaufelhöhenverhältnis wiedergeben sollte, berücksichtigte er verwundene Grenzschichten an Nabe und Gehäuse sowie einen Spalt zwischen Seitenwand und Schaufeln. Durch Betrachtung der Strömungsfelder vor und hinter den Schaufeln konnte er zeigen, dass die Strömung durch die erste Schaufelreihe vergleichbar ist mit der Strömung durch einen konventionellen Rotor. Die Strömung durch die zweite Schaufelreihe ist jedoch stark von der Abströmung und dem Nachlauf der ersten Schaufelreihe beeinflusst, sodass die dreidimensionalen Strömungseffekte stärker sind, als es bei einer Einzelbeschaufelung der Fall wäre. Die dreidimensionalen Betrachtungen sind bei McGlumphy sehr kurz gehalten und liefern leider keine Informationen über die genaue Strömungsstruktur an der Seitenwand und die Verlustentstehung. Aufgrund eigener Erfahrungen muss bei seinen Untersuchungen auch die Netzauflösung im wandnahen Bereich in Frage gestellt werden. Genaue Angaben über die Berechnungsmethode in der Grenzschicht sind allerdings nicht vorhanden.

Eine etwas andere Betrachtung für die Angabe der relativen Position der Profile eines Tandemgitters liefert Canon Falla [14]. Er führte zweidimensionale numerische Untersuchungen an vier Tandemgittern, bestehend aus NACA 65 Profilen, bei kleinen Machzahlen (Ma=0,08) durch und betrachtete den Spalt zwischen den Tandemprofilen als Düse mit einer Ein- und Ausströmfläche. Die Sehnenlängen seiner Profile war gleich, die Strömung wurde von 65° auf 19° umgelenkt. Er arbeitete ein optimales Flächenverhältnis heraus, bei dem die geringsten Verluste entstehen. Er konnte in seinen Untersuchungen beobachten, dass die Position der hinteren Schaufelreihe keinen Einfluss auf die Strömung durch die vordere Schaufelreihe hat. Unabhängig von der Verschiebung der zweiten Schaufel in axialer und tangentialer Richtung erreichte er die besten Ergebnisse, wenn das Verhältnis von Eintrittsfläche zu Austrittsfläche des Spalts zwischen den Profilen einen Wert von ca. 2 annimmt. Für kleinere Werte wurde die Spaltströmung nicht ausreichend beschleunigt, um einen Impulsaustausch mit der impulsarmen Strömung in der Nachlaufdelle der ersten Schaufel zu erreichen. Für größere Werte wurde die Strömung durch den Spalt nicht mehr vorteilhaft geführt und die Blockage wurde zu groß, sodass es auf der Saugseite der hinteren Schaufel zu Ablösungen kam. Bei der üblichen Betrachtungsweise ist die Geometrie des Spalts nicht nur von den Abständen der Schaufeln abhängig, sondern auch von den Schaufeln selbst.

Schaufelgrößen, wie beispielsweise der Staffelungswinkel, der Wölbungswinkel oder die Schaufeldicke, gehen aber in die Berechnung der axialen Überlappung und des Percent Pitch (PP) nicht ein. Aus diesem Grund ist es sinnvoll die Spaltgeometrie in Betracht zu ziehen, allerdings stehen hierzu wenige Daten in der Literatur zur Verfügung.

1.3 Zielsetzungen

In der vorliegenden Arbeit wird die Strömung im wandnahen Bereich von Tandemgittern theoretisch und experimentell untersucht. Die Strömungsbedingungen der untersuchten Tandemgitter entsprechen den Strömungsbedingungen im Stator einer der hinteren Verdichterstufen eines Axialverdichters, wo aufgrund der hohen Mediumstemperaturen moderate Machzahlen vorliegen und Strömung mit hohem Drall in axiale Richtung umgelenkt werden muss. Das Schaufelhöhenverhältnis ist in den letzten Verdichterstufen relativ klein, wodurch die Seitenwand einen großen Einfluss auf die Strömungsverluste hat. Die untersuchten Tandemgitter haben daher ein Schaufelhöhenverhältnis von 1.

Die Untersuchungen sollen Auskunft über die Strömungsstruktur im wandnahen Bereich geben, wo durch das Aufeinandertreffen von Profilgrenzschicht und Seitenwandgrenzschicht eine dreidimensionale Grenzschicht entsteht. Es wird an

1.3. ZIELSETZUNGEN

dieser Stelle darauf hin gewiesen, dass in den vorliegenden Untersuchungen keine verwundenen Seitenwandgrenzschichten betrachtet werden, wie sie in einer Maschine durch die Rotation der Nabe vorhanden sind.

Die Untersuchungen verfolgen mehrere Ziele:

Anhand von vier unterschiedlichen Tandemgittern soll gezeigt werden, ob das von Lei et al. [15, 16] aufgestellte Kriterium für das Auftreten von Corner Stall auch auf Tandemgitter anwendbar ist. Corner Stall ist das gleichzeitige Rückströmen auf der Profilsaugseite und auf der Seitenwand. Dieses Kriterium ist bisher nur für Einzelprofile gültig.

Bei allen in Kapitel 1.2 genannten Untersuchungen war die Sehnenlänge der vorderen Schaufelreihe annähernd gleich der Sehnenlänge der hinteren Schaufelreihe. Bei den in dieser Arbeit untersuchten Tandemgittern bestehen 2 Tandemgitter aus Schaufeln, bei denen das Teilungsverhältnis der vorderen Schaufelreihe wesentlich kleiner ist als das der hinteren Schaufelreihe und 2 Tandemgitter aus Schaufeln, bei denen das Teilungsverhältnis der vorderen Schaufelreihe wesentlich größer ist als das der hinteren Schaufelreihe. Dadurch soll der Einfluss unterschiedlicher Teilungsverhältnisse herausgearbeitet werden.

Des Weiteren soll untersucht werden, ob die optimalen geometrischen Parameter der zweidimensionalen Strömung auch die geringsten Strömungsverluste in einer dreidimensionalen Strömung liefern. Hierzu wurden zwei Tandemgitter gemäß den Auslegungsregeln von McGlumphy [12] für zweidimensionale Strömungen mit kleinem Spalt zwischen vorderer und hinterer Schaufelreihe ausgelegt und zwei Tandemgitter, bei denen die hintere Schaufelreihe in Teilungsrichtung verschoben wurde, wodurch sich ein größerer Spalt zwischen den Schaufelreihen ergibt.

Alle numerischen Untersuchungen werden durch zahlreiche Messungen validiert. Dabei werden neben Fünflochsondenmessungen und Messungen der Druckverteilung auch Ölanstrichbilder auf der Seitenwand und auf den Profiloberflächen erstellt, die mit den numerisch ermittelten Strömungsstrukturbildern verglichen werden. Die Verlustentstehung im wandnahen Bereich lässt sich daran sehr gut erklären und die Index Rule wird auf die kritischen Punkte angewendet. Die Untersuchungen werden bei moderaten Machzahlen von Ma=0,2 und einer Reynoldszahl von $Re = 8 \cdot 10^5$ durchgeführt. Die Strömung wird von 50° auf nahezu 0° umgelenkt und als inkompressibel betrachtet.

2 Auslegung der Gitter

2.1 Verwendete Profile

Bei den in dieser Arbeit verwendeten Profilen handelt es sich um Profile mit einer NACA 65 $-$ (A_{10}) äquivalenten Kreisbogenskelettlinie und einer NACA 65-010 Dickenverteilung [17]. Das Dickenverhältnis der Profile beträgt 10% der Sehnenlänge. Sie sind zur Hinterkante um 1% der Sehnenlänge aufgedickt und haben einen Hinterkantenradius von 0,5% der Sehnenlänge. Die Auslegung erfolgte nach Lieblein [13]. Die Gleichungen in [13] vereinfachen sich für NACA 65 Profile mit einer Dicke von 10% zu

$$\delta = (\delta_0)_{10} + m \cdot \varphi \tag{2.1}$$

$$i = (i_0)_{10} + n \cdot \varphi \tag{2.2}$$

$$\Delta\beta = \beta_1 - \beta_2 = \varphi + i - \delta \tag{2.3}$$

$$\varphi = \frac{\Delta\beta - ((i_0)_{10} - (\delta_0)_{10})}{1 - m + n} \tag{2.4}$$

$$\lambda = \beta_1 - i - \frac{\varphi}{2}, \tag{2.5}$$

sodass für jedes Profil anhand der individuellen Umlenkaufgabe die Parameter m, n, $(i_0)_{10}$ und $(\delta_0)_{10}$ ermittelt werden müssen und daraus die Winkel für Incidence i, Deviation δ, der Staffelungswinkel λ und der Wölbungswinkel φ berechnet werden können. Nach diesem Schritt ist die Skelettlinie festgelegt. Aus den Koordinaten der Skelettlinie und der Dickenverteilung können dann die Koordinaten der Profilkontur berechnet werden. Für die oben beschriebenen Schritte wurde ein auf Matlab basierendes Softwarepaket genutzt.

2.2 Definition der Umlenkaufgabe

Tandemgitter werden dort eingesetzt, wo Strömungen mit starkem Drall in axiale Richtung umgelenkt werden müssen, um einen möglichst großen Druckaufbau zu erzielen. Der erzielbare Druckaufbau ist neben anderen Einflussfaktoren auch vom verwendeten Schaufelhöhenverhältnis abhängig. Mit einem kleinen Schaufelhöhenverhältnis lassen sich höhere Druckverhältnisse erzielen als mit einem großen Schaufelhöhenverhältnis. Allerdings ist bei kleinen Schaufelhöhenverhältnissen auch der Einfluss der Seitenwand groß.

Bei mehrstufigen Axialverdichtern sind diese Bedingungen in den letzten Stufen häufig wiederzufinden. Der Stator der letzten Stufe hat häufig Umlenkungen von mehr als 50° bei kleinem Schaufelhöhenverhältnissen zu bewältigen. Des Weiteren herrschen dort aufgrund der bereits erhöhten Temperatur des Strömungsmediums moderate Machzahlen.

Da die Auswahlgitter auch experimentell am Gitterwindkanal untersucht werden sollten, mussten dessen Leistungsdaten und Dimensionen bei der Definition der Umlenkaufgabe berücksichtigt werden. Mit dem Ziel ähnliche Strömungsbedingungen zu realisieren, wie sie im Stator in einer der letzten Stufen eines Axialverdichters wiederzufinden sind, ergaben sich die folgenden dimensionslosen Kennzahlen für den Auslegungspunkt der in dieser Arbeit untersuchten Gitter:

Schaufelhöhenverhältnis:

KAPITEL 2. AUSLEGUNG DER GITTER

Reynoldszahl:

$$\frac{b}{l_{eff}} \approx 1 \qquad (2.6)$$

$$Re \approx \frac{c_{11} \cdot l_{eff}}{\nu} \approx 8 \cdot 10^5 \qquad (2.7)$$

Machzahl:

$$Ma \approx 0,2 \qquad (2.8)$$

Anströmwinkel:

$$\beta_{11} = 50° \qquad (2.9)$$

Umlenkung:

$$\Delta\beta = 50° \qquad (2.10)$$

Teilungsverhältnis:

$$\frac{t}{l_{eff}} \approx 0,6 \qquad (2.11)$$

Für Einzelgitter gilt $l_{eff} = l$, während sich bei Tandemgittern l_{eff} als gerade Verbindung zwischen der Vorderkante des vorderen Schaufelprofils zur Hinterkante des hinteren Schaufelprofils erstreckt. Die geometrischen Zusammenhänge ergeben sich mit Hilfe trigonometrischer Funktionen (Vgl. Abb. 2.1).

Effektive Sehnenlänge des Tandemgitters:

$$l_{eff} = \sqrt{(l_1 \cdot cos\lambda_1 - \Delta x_1 + l_2 \cdot cos\lambda_2)^2 + (l_1 \cdot sin\lambda_1 - (t-s) + l_2 \cdot sin\lambda_2)^2}$$

$$(2.12)$$

2.3 Parameter am Einzel- und Tandemgitter

Die in Kapitel 2.1 und 2.2 festgelegten Strömungsparameter beschreiben die Umlenkaufgabe. Zur Auslegung eines Einzelgitters sind dort alle benötigten Informa-

2.3. PARAMETER AM EINZEL- UND TANDEMGITTER

tionen vorhanden und man erhält mit Hilfe der NACA Unterlagen [17, 13] die Profilkontur des Gitters. Allerdings stoßen Einzelgitter bei dieser Umlenkaufgabe bereits an ihre Grenzen, wie sich später anhand des Diffusionsfaktors nach Lieblein [13] zeigen wird.

Zur Auslegung eines Tandemgitters reichen die in Kapitel 2.1 und 2.2 gegebenen Informationen noch nicht aus. Bei Tandemgittern wird die Gesamtumlenkung auf zwei Einzelprofile aufgeteilt. Dadurch entstehen mehrere freie Parameter, die so festgelegt werden müssen, dass möglichst geringe Verluste entstehen. Abbildung 2.1 zeigt die Parameter am Einzel- und Tandemgitter.

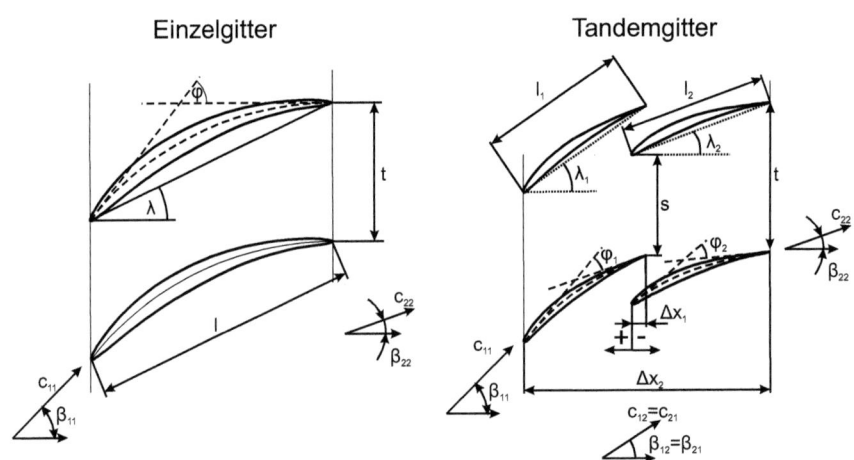

Abbildung 2.1: Parameter am Einzel- und Tandemgitter

Da es im Strömungsmaschinenbau üblich ist mit dimensionslosen Größen zu arbeiten, wird an dieser Stelle das Teilungsverhältnis $\frac{t}{l}$ eingeführt. Häufig findet auch der Kehrwert des Teilungsverhältnisses Anwendung.

Überdeckung:
$$\sigma = \frac{1}{\frac{t}{l}} \qquad (2.13)$$

Die effektive Überdeckung des Tandemgitters berechnet sich über die effektive Sehnenlänge l_{eff}.

Die erste Variationsmöglichkeit bei Tandemgittern ist das Teilungsverhältnis der Einzelprofile. In der allgemeinen Literatur findet man bisher ausschließlich Untersuchungen an Tandemgittern, bei denen das Teilungsverhältnis der ersten Schaufelreihe annähernd dem Teilungsverhältnis der zweiten Schaufelreihe entspricht. Es finden sich jedoch keine Angaben dazu, welchen Einfluss unterschiedliche Teilungsverhältnisse auf die Performance haben.

Eine Änderung des Teilungsverhältnisses bedeutet nicht zwangsläufig, dass dadurch auch die aerodynamische Last der Schaufelreihe geändert wird. Die aerodynamische Last hängt zusätzlich auch noch von der Umlenkung ab, die von einer Schaufelreihe bewirkt wird. Sie wird durch den Diffusionsfaktor nach Lieblein [13] ausgedrückt. Für Einzelprofile lautet dieser

$$DF = \left(1 - \frac{cos\beta_{11}}{cos\beta_{22}}\right) + \frac{t}{l} \cdot \frac{cos\beta_{11}}{2} \cdot (tan\beta_{11} - tan\beta_{22}). \qquad (2.14)$$

Für die erste und zweite Schaufelreihe eines Tandemgitters wird er mit dem individuellen Teilungsverhältnis und den Strömungswinkeln gebildet. Daraus folgt für die erste Schaufelreihe des Tandemgitters

$$DF_1 = \left(1 - \frac{cos\beta_{11}}{cos\beta_{12}}\right) + \frac{t}{l_1} \cdot \frac{cos\beta_{11}}{2} \cdot (tan\beta_{11} - tan\beta_{12}) \qquad (2.15)$$

und für die zweite Schaufelreihe des Tandemgitters

2.3. PARAMETER AM EINZEL- UND TANDEMGITTER

$$DF_2 = \left(1 - \frac{cos\beta_{21}}{cos\beta_{22}}\right) + \frac{t}{l_2} \cdot \frac{cos\beta_{21}}{2} \cdot (tan\beta_{21} - tan\beta_{22}). \qquad (2.16)$$

Da die relative Position der Schaufelreihen eines Tandemgitters zueinander keinen Einfluss auf die Verzögerung der Strömung im Gitter sowie auf die Gesamtbelastung des Gitters haben sollte, berechnet sich der Diffusionsfaktor des gesamten Gitters nicht, wie man es erwarten würde, über das effektive Teilungsverhältnis des Gitters, sondern in Übereinstimmung mit [18] wie folgt:

$$DF_{eff} = \left(1 - \frac{cos\beta_{11}}{cos\beta_{22}}\right) + \frac{t}{l_1 + l_2} \cdot \frac{cos\beta_{11}}{2} \cdot (tan\beta_{11} - tan\beta_{22}). \qquad (2.17)$$

Der Diffusionsfaktor nach Lieblein wurde aus Grenzschichtbetrachtungen abgeleitet. Der erste Summand enthält die Verzögerung, während der zweite Summand ein Maß für die Schaufelbelastung darstellt [19]. Er gilt als Indikator für zweidimensionale Grenzschichtablösung und sollte daher einen Wert von 0,6 nicht überschreiten. Als Maß für die prozentuale Aufteilung der aerodynamischen Last auf die einzelnen Schaufelreihen in Tandemgittern wird der sogenannte „Load Split" definiert. Er wird über die Diffusionsfaktoren nach Lieblein berechnet. Der prozentuale Anteil der ersten Schaufelreihe an der gesamten aerodynamischen Last des Gitters berechnet sich wie folgt:

$$LS = \frac{DF_1}{DF_1 + DF_2} \qquad (2.18)$$

Der Anteil der hinteren Schaufelreihe berechnet sich in analoger Weise durch Einsetzen des Diffusionsfaktors für die hintere Schaufelreihe.

KAPITEL 2. AUSLEGUNG DER GITTER

Es gibt zahlreiche Untersuchungen der zweidimensionalen Strömung durch Tandemgitter, die gezeigt haben, dass minimale Verluste entstehen, wenn die aerodynamische Last gleichmäßig auf die Schaufelreihen verteilt wird. Schluer et al. [18] konnten in numerischen Untersuchungen zeigen, dass diese Lastaufteilung auch für die dreidimensionale Strömung durch Tandemgitter minimale Verluste liefert.

Der Einfluss der aerodynamischen Lastaufteilung auf die Verlustentstehung sollte in dieser Arbeit nicht erneut aufgegriffen werden. Der „Load Split" aller in dieser Arbeit untersuchten Tandemgitter beträgt 50%, damit unterschiedliche Aufteilungen der aerodynamischen Last keinen Einfluss auf die Verlustentstehung haben. Legt man das Teilungsverhältnis einer Schaufelreihe fest, so kann die aerodynamische Last der Schaufelreihen durch Änderung des Strömungswinkels $\beta_{12} = \beta_{21}$ variiert werden. Das Teilungsverhältnis der zweiten Schaufelreihe ergibt sich dann (sofern die Parameter Δx_1 und s auch festgelegt sind) anhand des effektiven Teilungsverhältnisses beider Schaufelreihen.

Zur Beschreibung der relativen Position der Schaufelreihen zueinander werden zwei weitere dimensionslose Kennzahlen gebildet. Für die axiale Verschiebung der Profile wird die dimensionslose Größe „Axial Overlap" (AO) eingeführt und für die Verschiebung der Profile in Teilungsrichtung die dimensionslose Größe „Percent Pitch" (PP):

$$AO = \frac{\Delta x_1}{\Delta x_2} \qquad (2.19)$$

$$PP = \frac{s}{t} \qquad (2.20)$$

Der Parameter Δx_1 ist positiv, wenn die Profile wie in Abbildung 2.1 angeordnet sind. Die dreidimensionale Strömung durch Tandemgitter wurde bisher nicht bezüglich der Kennzahlen Axial Overlap und Percent Pitch untersucht. Aus diesem Grund wurde sich zur Auslegung der in dieser Arbeit betrachteten Tandemgitter zunächst an den Ergebnissen orientiert, die für zweidimensionale Strömungen durch Tandemgitter erzielt wurden. Abgesehen von wenigen Ausnahmen ([9, 10]) bringt demnach eine Verschiebung der Profile in axiale Richtung keine Vorteile. Bezüglich der Verschiebung der Profile in Teilungsrichtung sollten die Profile so angeordnet sein wie in Abbildung 2.1. Das in Strömungsrichtung liegende hintere Schaufelprofil soll sich nach hinten versetzt unterhalb der Druckseite des vorderen Schaufelprofils befinden. Laut McGlumphy [12] liefert für die vorliegende Umlenkaufgabe ein Percent Pitch von $PP = 90\%$ und ein Axial Overlap von $AO = 0\%$ die geringsten Verluste. Diese Angaben stimmen mit den Ergebnissen der allgemein verfügbaren Literatur überein.

2.4 Auswahlverfahren der Tandemgitter

Die Untersuchungen sollten unter anderem Auskunft darüber geben, ob der von Lei [16] eingeführte Diffusionsparameter als Kriterium für das Auftreten von Corner Stall auch auf Tandemgitter anwendbar ist. Unter Corner Stall versteht man das gleichzeitige Rückströmen auf der Seitenwand und auf der Profiloberfläche. Der Diffusionsparameter setzt sich aus 3 Faktoren zusammen: Der erste Faktor beschreibt mit dem Teilungsverhältnis die Schaufelbelastung, der zweite Faktor beschreibt die Druckerhöhung im Gitter und der dritte Faktor berücksichtigt abweichende Strömungswinkel in der Seitenwandgrenzschicht. Er wurde von [16] als Indikator für dreidimensionale Grenzschichtablösung an Einzelgittern eingeführt. Überträgt man ihn auf Tandemgitter, so folgt unter Berücksichtigung unverwundener Seitenwandgrenzschichten:

Diffusionsparameter für das Einzelgitter:

$$D = \frac{t}{l} \cdot \left[1 - \left(\frac{cos\beta_{11}}{cos\beta_{22}}\right)^2\right] \cdot (i+\varphi)^* \qquad (2.21)$$

Diffusionsparameter für die vordere Schaufelreihe des Tandemgitters:

$$D_1 = \frac{t}{l_1} \cdot \left[1 - \left(\frac{cos\beta_{11}}{cos\beta_{12}}\right)^2\right] \cdot (i_1+\varphi_1)^* \qquad (2.22)$$

Diffusionsparameter für die hintere Schaufelreihe des Tandemgitters:

$$D_2 = \frac{t}{l_2} \cdot \left[1 - \left(\frac{cos\beta_{21}}{cos\beta_{22}}\right)^2\right] \cdot (i_2+\varphi_2)^* \qquad (2.23)$$

Diffusionsparameter für das gesamte Tandemgitter:

$$D_{eff} = \frac{t}{l_{eff}} \cdot \left[1 - \left(\frac{cos\beta_{11}}{cos\beta_{22}}\right)^2\right] \cdot (i_{eff}+\varphi_{eff})^* \qquad (2.24)$$

Der Faktor $(i+\varphi)^*$ wird in Radiant angegeben.

Zur Untersuchung des Einflusses des individuellen Teilungsverhältnisses und der Gültigkeit des Diffusionsparameters wurde eine iterative Berechnungsmethode in Matlab programmiert. Tabelle 2.1 zeigt die festgelegten Parameter für das Tandemgitter und die daraus berechneten Größen.

Durch Vorgabe des Teilungsverhältnisses der ersten Schaufelreihe des Tandemgitters und einem Startwort für β_{12} ermittelt das Programm automatisch anhand der NACA Unterlagen den Staffelungswinkel λ_1, den Wölbungswinkel φ_1 und den Diffusionsfaktor nach Lieblein der vorderen Schaufelreihe DF_1. Wegen der Bedingung LS=50% ist $DF_1 = DF_2$. Aus dem Diffusionsfaktor der hinteren Schau-

2.4. AUSWAHLVERFAHREN DER TANDEMGITTER

Festgelegte Parameter	Berechnete Parameter
$AO = 0\%$	$\beta_{12} = \beta_{21}$
$PP = 90\%$	λ_1
$LS = 50\%$	φ_1
$\frac{t}{l_{eff}} = 0,6$	λ_2
$0,8 \leq \frac{t}{l_1} \leq 2$	φ_2
$\frac{d}{l_1} = \frac{d}{l_2} = 0,1$	$\frac{t}{l_2}$
	$DF_1; DF_2; D_1; D_2$

Tabelle 2.1: Festgelegte und berechnete Tandemparameter

felreihe DF_2 lässt sich dann das Teilungsverhältnis der hinteren Schaufelreihe $\frac{t}{l_2}$ berechnen und anschließend wieder über die NACA Unterlagen die Winkel λ_2 und φ_2. Es wird nun überprüft, ob das effektive Teilungsverhältnis des ermittelten Gitters mit dem vorgegebenen effektiven Teilungsverhältnis übereinstimmt. Falls nicht wird der Winkel β_{12} so lange geändert, bis die Bedingung erfüllt ist. Dieser Vorgang wird für sämtliche Teilungsverhältnisse wiederholt.

Als Ergebnis erhält man eine Übersicht über alle Tandemgitter, die die in Tabelle 2.1 aufgelisteten Bedingungen erfüllen. In Abbildung 2.2 sind die Lieblein Diffusionsfaktoren und die Lei Diffusionsparameter in Abhängigkeit vom Teilungsverhältnis der Schaufelreihen dargestellt. Die Diffusionsfaktoren nach Lieblein befinden sich in einem moderaten Bereich bei Werten von ca. 0,45 (kritischer Bereich: $DF > 0,6$). Der Diffusionsparameter nach Lei für die hintere Schaufelreihe D_2 steigt mit größer werdendem Teilungsverhältnis der vorderen Schaufelreihe ganz leicht an, befindet sich jedoch ebenfalls in einem für das Auftreten von Corner Stall unkritischen Bereich (kritischer Bereich: $D = 0,4 \pm 0,05$). Der Lei Diffusionsparameter der vorderen Schaufelreihe D_1 steigt jedoch mit größer werdendem Teilungsverhältnis der vorderen Schaufelreihe wesentlich stärker. Er liegt für

$\frac{t}{l_1} > 1,5$ im kritischen Bereich ($D_1 > 0,35$) und für Werte $\frac{t}{l_1} > 1,9$ sollte spätestens Corner Stall einsetzen ($D_1 > 0,45$).

Aus Abbildung 2.2 wurden zwei Tandemgitter ausgewählt (Cascade A und Cascade B), an denen die Gültigkeit des Lei Kriteriums für das Auftreten von Corner Stall in Tandemgittern überprüft werden kann und der Einfluss des individuellen Teilungsverhältnisses auf die Performance eines Tandemgitters aufgezeigt wird. Aus den Tandemgittern Cascade A und Cascade B werden zwei weitere Tandemgitter gebildet (Cascade A1 und Cascade B1), bei denen das hintere Profil in Teilungsrichtung so verschoben wird, dass sich ein Percent Pitch von 70% einstellt. Dadurch ändert sich das effektive Teilungsverhältnis der Gitter auf $\frac{t}{l_{eff}} = 0,6226$. Abbildung 2.2 behält auch für Cascade A1 und Cascade B1 ihre Gültigkeit, da sich an den individuellen Schaufelreihen dadurch nichts ändert. Die Änderung des Percent Pitch und des effektiven Teilungsverhältnisses der Gitter hat lediglich Auswirkungen auf die Diffusionsfaktoren DF_{eff} und Diffusionsparameter D_{eff} des gesamten Gitters, wie man aus Tabellen 2.2 - 2.5 entnehmen kann.

2.4. AUSWAHLVERFAHREN DER TANDEMGITTER

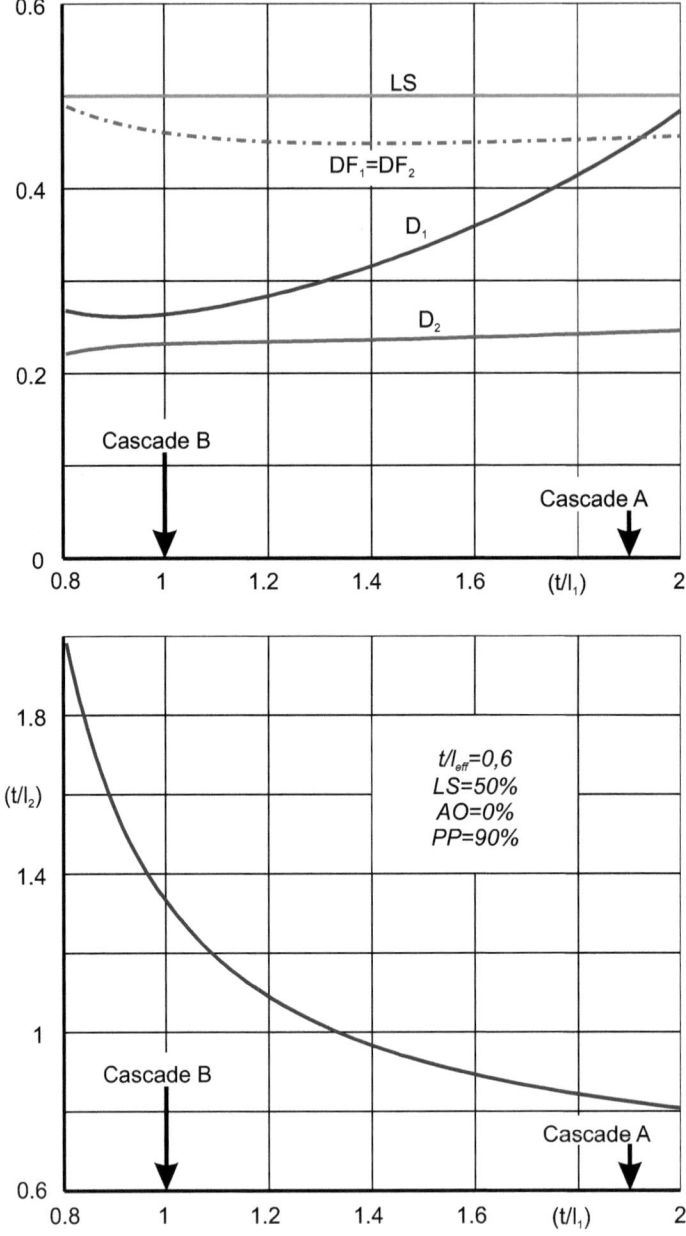

Abbildung 2.2: Lieblein Diffusionsfaktor und Lei Diffusionsparameter in Abhängigkeit vom Teilungsverhältnis

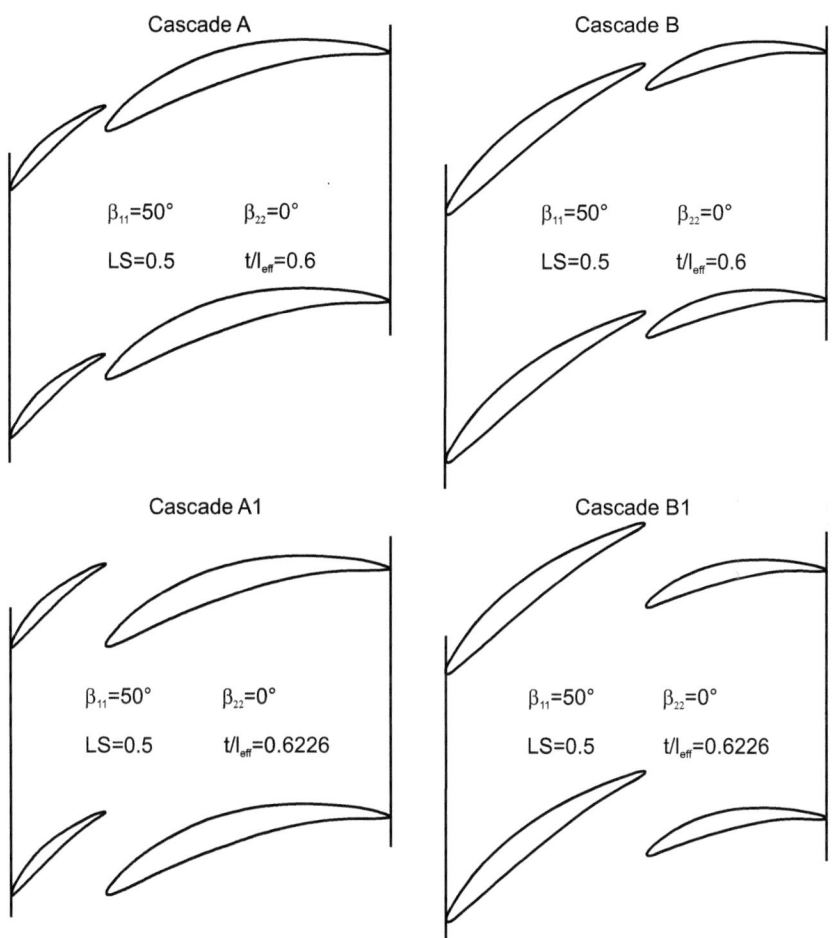

Abbildung 2.3: Cascade A, B, A1, B1

2.4. AUSWAHLVERFAHREN DER TANDEMGITTER

Parameter	FB	AB	gesamtes Gitter
DF	0,4547	0,4547	0,5775
D	0,4235	0,2330	0,3577
d/l	0,1	0,1	
Δx_1 [mm]		0	
s [mm]		103,5	
t [mm]	115	115	115
l [mm]	60	140	191,7
t/l	1,9167	0,8214	0,6
φ [°]	31,9	47,1	65,2
λ [°]	40,6	15,0	19,4
$\beta_{11} = 50°$	$\beta_{12} = \beta_{21} = 37,4°$		$\beta_{22} = 0°$

Tabelle 2.2: Parameter Cascade A

Parameter	FB	AB	gesamtes Gitter
DF	0,4608	0,4608	0,5762
D	0,2617	0,2042	0,3368
d/l	0,1	0,1	
Δx_1 [mm]		0	
s [mm]		103,5	
t [mm]	115	115	115
l [mm]	115	86	191,7
t/l	1	1,3349	0,6
φ [°]	30,2	44,6	62,7
λ [°]	36,4	11,1	22,5
$\beta_{11} = 50°$	$\beta_{12} = \beta_{21} = 29,6°$		$\beta_{22} = 0°$

Tabelle 2.3: Parameter Cascade B

Parameter	FB	AB	gesamtes Gitter
DF	0,4547	0,4547	0,5775
D	0,4235	0,2330	0,3737
d/l	0,1	0,1	
Δx_1 [mm]		0	
s [mm]		80,5	
t [mm]	115	115	115
l [mm]	60	140	184,7
t/l	1,9167	0,8214	0,6226
φ [°]	31,9	47,1	65,2
λ [°]	40,6	15,0	12,7
$\beta_{11} = 50°$	$\beta_{12} = \beta_{21} = 37,4°$		$\beta_{22} = 0°$

Tabelle 2.4: Parameter Cascade A1

Parameter	FB	AB	gesamtes Gitter
DF	0,4608	0,4608	0,5762
D	0,2617	0,2042	0,3626
d/l	0,1	0,1	
Δx_1 [mm]		0	
s [mm]		80,5	
t [mm]	115	115	115
l [mm]	115	86	184,7
t/l	1	1,3349	0,6226
φ [°]	30,2	44,6	62,7
λ [°]	36,4	11,1	15,9
$\beta_{11} = 50°$	$\beta_{12} = \beta_{21} = 29,6°$		$\beta_{22} = 0°$

Tabelle 2.5: Parameter Cascade B1

2.5 Referenz Einzelgitter

Zum Vergleich der Performance der Tandemgitter mit dem Referenz Einzelgitter (Abb. 2.4) wurde dieses mit denselben Gitterparametern ausgelegt wie für die Tandemgitter. Die Gitterparameter sind Tabelle 2.6 zu entnehmen.

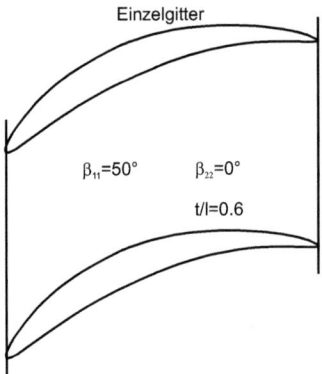

Abbildung 2.4: Einzelgitter

Parameter	Einzelgitter
DF	0,5870
D	0,3766
d/l	0,1
t [mm]	115
l [mm]	191,67
t/l	0,6
φ [°]	60,7
λ [°]	19,1
$\beta_{11} = 50°$	$\beta_{22} = 0°$

Tabelle 2.6: Parameter des Einzelgitters

3 Experimenteller Aufbau

3.1 Beschreibung des Versuchsstands

3.1.1 Aufbau des Gitterwindkanals

Der Gitterwindkanal des Lehrstuhls für Strömungsmechanik und Strömungsmaschinen der TU Kaiserslautern besteht aus den in Abbildung 3.1 dargestellten Komponenten.

Als Einlaufdüse dient eine Normeinlaufdüse nach DIN 1952 mit einem Innendurchmesser von 710 mm und einer Länge von 1575 mm. Sie ist an ihrem Einströmrand mit einem Fliegennetz versehen, da Insekten sonst vom Kanal angesaugt werden können und schlimmstenfalls die Messsonden verstopfen, wodurch ganze Messreihen unbrauchbar werden. Danach folgt ein Übergangsstück von 710 mm auf 630 mm nach DIN 24163 Teil 2 und ein frequenzgesteuerter gegenläufiger Axialverdichter mit 37 kW Antriebsleistung und einem Nenndurchmesser von 630 mm. Es folgt wieder ein Übergangsstück von 630 mm auf 710 mm nach DIN 24163 Teil 2 und ein Wabengleichrichter mit einer Maschenweite von 9 mm, einer Stegbreite von 0,2 mm und einer axialen Länge von 160 mm. Der Wabengleichrichter richtet die zuvor vom Verdichter mit Drall beaufschlagte Strömung in axiale Richtung. Hinter dem Wabengleichrichter befindet sich eine Beschleunigungsdüse, die sich von einem kreisrunden Querschnitt mit 710 mm Durchmesser auf einen rechteckigen Querschnitt von 200 x 500 mm auf einer Länge von 1500 mm verjüngt. Durch die starke Beschleunigung der Strömung in der Düse (Querschnittsverhältnis 4:1) werden über den Querschnitt verteilte Geschwindigkeitsunterschiede reduziert, um in der Messstrecke eine möglichst gleichmäßige Geschwindigkeitsverteilung zu erhalten. Auch der Turbulenzgrad der Strömung

3.1. BESCHREIBUNG DES VERSUCHSSTANDS

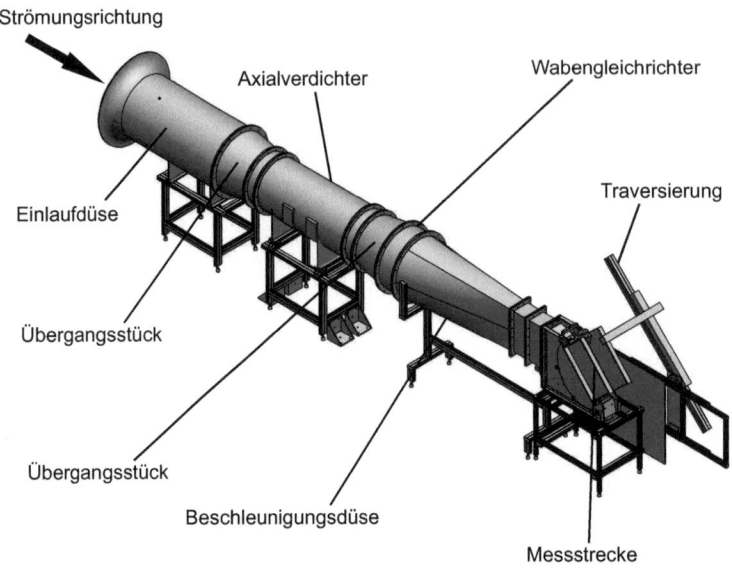
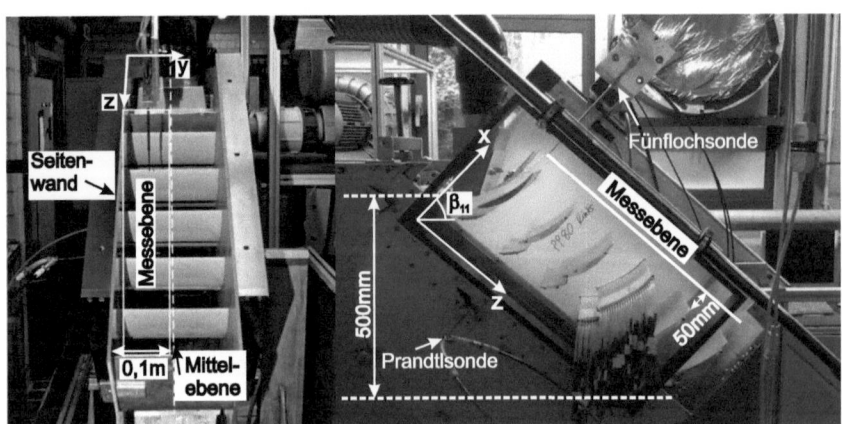

Abbildung 3.1: Komponenten des Gitterwindkanals

wird durch die Beschleunigung reduziert. Nach Passieren der Beschleunigungsdüse wird noch eine 1000 mm lange Beruhigungsstrecke durchströmt, in der sich der Querschnitt nicht mehr ändert. Am Ende befindet sich die Messstrecke. Die Seitenwände der Messstrecke sind zur Realisierung unterschiedlicher Anströmwinkel drehbar gelagert. Sie bestehen aus Plexiglas, sodass Ölanstrichbilder von aussen sichbar sind und fotografiert werden können. An den Plexiglasplatten werden die zu untersuchenden Profile befestigt. Die Drücke der Zuströmung werden vor den Plexiglasplatten mit Hilfe einer Prandtlsonde gemessen, deren Spitze mittig im Einströmquerschnitt positioniert ist. Hinter der Messstrecke befindet sich eine computergesteuerte 2-Achsen Traversiervorrichtung, an der die Fünflochsonde befestigt wird. Die Traversiervorrichtung ist von der Messstrecke entkoppelt und ebenfalls drehbar gelagert. Der Abstand der Sonde zum Gitter kann über eine Linearführung stufenlos variiert werden. An der oberen und unteren Begrenzung der Teststrecke befinden sich Absaugkanäle, die mit zwei individuell frequenzgesteuerten Seitenkanalverdichtern von je 25 kW Antriebsleistung verbunden sind. Mit Hilfe dieser Absaugvorrichtungen kann der Zuströmwinkel des Gitters justiert und ein periodisches Anströmprofil sichergestellt werden. Zur Messung der Drücke an der Fünflochsonde und an der Prandtlsonde werden die in Kapitel 3.2.2 beschriebenen Drucksensoren verwendet. Die Messdaten werden über eine Messkarte von National Instruments vom Typ NI USB-6259 BNC erfasst und in LabVIEW verarbeitet.

Die Schaufelprofile werden an den Plexiglasplatten der Messstrecke befestigt. Sie werden in den universitätseigenen Metallwerkstätten auf einer 5-Achs Fräse aus Aluminium hergestellt. Durch die hochgenaue Fertigung der Profile auf der 5-Achs Fräse sind sie sehr formstabil, haben eine glatte Oberfläche und können auch leicht mit inneren Kanälen versehen werden, damit die Druckverteilung auf den Profilen gemessen werden kann. Beim Umströmen der Profile bildet sich an

3.1. BESCHREIBUNG DES VERSUCHSSTANDS

der Vorderkante zunächst eine laminare Grenzschicht aus. Sie dickt entlang der Profiloberfläche auf und schlägt in eine turbulente Grenzschicht um. Um den Umschlag der laminaren Grenzschicht in eine turbulente Grenzschicht an der Profilvorderkante zu erzwingen, wurden die Profile in einem Abstand von 5 mm hinter der Profilvorderkante mit einem sogenannten Stolperdraht mit einem Durchmesser von 0,4 mm versehen. Für besondere Anwendungsfälle wie beispielsweise zur Erstellung von Ölanstrichbildern oder Erosionsuntersuchungen besteht die Möglichkeit die Profile farblich zu eloxieren oder auch zu lackieren. Am Lehrstuhl für Strömungsmechanik und Strömungsmaschinen stehen des Weiteren zwei 3D-Drucker zur Verfügung. Sie bieten die Möglichkeit der Modellbildung innerhalb weniger Stunden. Die Festigkeit des Materials ist für die Untersuchungen am Gitterwindkanal ausreichend, allerdings ist die Formstabilität bei Dauermessungen nicht bei jedem Material gewährleistet.

3.1.2 Fünflochsondenmessung

Fünflochsondenmessungen wurden für jedes Gitter in einem parallelen Abstand von 50 mm zur Hinterkante der hinteren Schaufelreihe durchgeführt. Die Anströmgeschwindigkeit bei den Messungen stimmte mit der Anströmgeschwindigkeit in den numerischen Untersuchungen überein. Der Anströmwinkel wurde von 40° bis 56° in 2°-Schritten variiert. Die Fünflochsonde wurde über eine computergesteuerte Routine in einem zuvor definierten Raster automatisch in der Messebene bewegt. Nach Anfahren des Messpunktes wurde zunächst 5 Sekunden gewartet, bis sich die Strömungsgrößen an der Sonde eingestellt haben. Anschließend wurden im Sekundentakt 10 Messwerte aufgenommen und gemittelt.

Zuerst wurde zum Nachweis der Periodizität eine Messung in der Mitte zwischen den Seitenwänden über die gesamte Ausströmebene mit einer Schrittweite in Teilungsrichtung (z-Koordinate in Abbildung 3.1) von 1 mm durchgeführt. Anschließend wurde das Strömungsgebiet entlang einer Teilung in der Messebene hinter dem mittleren Profilpaar von der Seitenwand bis zur Mittelebene vermessen. Der minimal realisierbare Abstand zur Seitenwand beträgt aufgrund der Sondengröße 3 mm. In der Nähe der Seitenwand ist eine höhere Auflösung notwendig, da dort die Verluste am größten sind. Dementsprechend wurde die Schrittweite der Messpunkte in Abhängigkeit vom Seitenwandabstand variiert. Die genaue Schrittweite in y-Richtung und in z-Richtung ist in Tabelle 3.1 enthalten.

Abstand Seitenwand	Schrittweite in y-Richtung	Schrittweite in z-Richtung
3 - 20 mm	1 mm	1 mm
21 - 30 mm	3 mm	1 mm
35 - 55 mm	5 mm	1 mm
60 - 100 mm	10 mm	1 mm

Tabelle 3.1: Schrittweite des Messgitters bei Fünflochsondenmessungen

Die bei der Kalibrierung der Fünflochsonde verwendeten Drucksensoren und die während der Messungen verwendeten Drucksensoren sind dieselben. Es wird also bei den Messungen ein kalibriertes Gesamtsystem verwendet, damit geringe Abweichungen, die unter den Drucksensoren vorhanden sind keinen Einfluss auf die Messergebnisse haben. Die Drucksensoren befinden sich außerdem in einer klimatisierten Box bei einer konstanten Temperatur von 22°C ± 1°C, um eine Temperaturdrift auszuschließen. Während der Messungen am Gitterwindkanal wird permanent der statische Druck und der Totaldruck in der Einströmebene gemessen sowie fünf Drücke, die an den einzelnen Bohrungen der Fünflochsonde anliegen. In der Einströmebene werden die Drücke

3.1. BESCHREIBUNG DES VERSUCHSSTANDS

$$p_{stat,1} - p_u \qquad (3.1)$$

$$p_{tot,1} - p_u \qquad (3.2)$$

gemessen und an der Fünflochsonde die Drücke

$$p_0(y,z) - p_u \qquad (3.3)$$

$$p_1(y,z) - p_u \qquad (3.4)$$

$$p_2(y,z) - p_u \qquad (3.5)$$

$$p_3(y,z) - p_u \qquad (3.6)$$

$$p_4(y,z) - p_u. \qquad (3.7)$$

Durch Kombination von Gleichung 3.1 und 3.2 erhält man den Staudruck der Strömung in der Einströmebene

$$q_1 = p_{tot,1} - p_{stat,1}. \qquad (3.8)$$

Aus den Messgrößen werden die dimensionslosen Kennziffern

$$\Delta p(y,z) = \frac{(p_0(y,z) - p_2(y,z)) + (p_0(y,z) - p_4(y,z))}{2} \qquad (3.9)$$

$$k_\beta(y,z) = \frac{(p_0(y,z) - p_2(y,z)) - (p_0(y,z) - p_4(y,z))}{\Delta p(y,z)} \qquad (3.10)$$

$$k_\gamma(y,z) = \frac{(p_0(y,z) - p_1(y,z)) - (p_0(y,z) - p_3(y,z))}{\Delta p(y,z)} \qquad (3.11)$$

direkt berechnet und über das aus der Kalibrierung erhaltene Polynom die dimensionslosen Kennziffern

$$k_p(y,z) = f(k_\beta(y,z), k_\gamma(y,z)) \tag{3.12}$$

$$k_{pt}(y,z) = f(k_\beta(y,z), k_\gamma(y,z)) \tag{3.13}$$

sowie die Strömungswinkel

und

$$\beta(y,z) = f(k_\beta(y,z), k_\gamma(y,z)) \tag{3.14}$$

$$\gamma(y,z) = f(k_\beta(y,z), k_\gamma(y,z)) \tag{3.15}$$

ermittelt. Durch Umformung von Gleichung 3.53 und 3.54 erhält man mit den Kennziffern 3.9, 3.12 und 3.13 den relativen statischen Druck und den relativen Totaldruck der Strömung an der Fünflochsonde:

$$(p_{stat,2}(y,z) - p_u) = (p_0(y,z) - p_u) - k_p(y,z) \cdot \Delta p(y,z) \tag{3.16}$$

$$(p_{tot,2}(y,z) - p_u) = (p_0(y,z) - p_u) + k_{pt}(y,z) \cdot \Delta p(y,z). \tag{3.17}$$

Subtrahiert man Gleichung 3.16 von Gleichung 3.17 erhält man den Staudruck der Strömung an der Fünflochsonde

$$q_2(y,z) = p_{tot,2}(y,z) - p_{stat,2}(y,z). \tag{3.18}$$

3.1. BESCHREIBUNG DES VERSUCHSSTANDS

Unter der Annhame, dass sich die Dichte zwischen der Einströmebene und der Ausströmebene nicht ändert, folgt für das örtliche Geschwindigkeitsverhältnis

$$\frac{c_{22}(y,z)}{c_{11}} = \sqrt{\frac{q_2(y,z)}{q_1}} \qquad (3.19)$$

und damit die auf die Anströmung bezogenen Komponenten der Geschwindigkeit in x-, y-, und z-Richtung gemäß Abbildung 3.6.

$$\frac{c_{22,x}(y,z)}{c_{11}} = \frac{c_{22}(y,z)}{q_1} \cdot cos\beta_{22}(y,z) \cdot cos\gamma_{22}(y,z) \qquad (3.20)$$

$$\frac{c_{22,y}(y,z)}{c_{11}} = \frac{c_{22}(y,z)}{q_1} \cdot sin\beta_{22}(y,z) \qquad (3.21)$$

$$\frac{c_{22,z}(y,z)}{c_{11}} = \frac{c_{22}(y,z)}{q_1} \cdot cos\beta_{22}(y,z) \cdot sin\gamma_{22}(y,z) \qquad (3.22)$$

Aus diesen Größen lassen sich nun die folgenden dimensionslosen Beiwerte definieren:

Statische Druckumsetzung:

$$\frac{\Delta p_{stat}(y,z)}{q_1} = \frac{p_{stat,2}(y,z) - p_{stat,1}}{q_1} \qquad (3.23)$$

Gesamtdruckverlustbeiwert:

$$\zeta(y,z) = \frac{p_{tot,1} - p_{tot,2}(y,z)}{q_1} \qquad (3.24)$$

Axialgeschwindigkeitsverhältnis:

$$\mu(y,z) = \frac{c_{22,x}(y,z)}{c_{11,x}} = \frac{c_{22}(y,z)}{q_1} \cdot \frac{\cos\beta_{22}(y,z) \cdot \cos\gamma_{22}(y,z)}{\cos\beta_{11}} \qquad (3.25)$$

3.1.3 Massenmittelung der Sondenmessung

Zum Vergleich der Gesamtperformance und der Verlustentstehung über der Schaufelhöhe werden der Abströmwinkel und der Gesamtdruckverlustbeiwert massengemittelt. Zur Darstellung der massengemittelten Werte in Abhängigkeit der Schaufelhöhe wird lediglich über einer Teilung integriert. Das Wegfallen des Integrals über der Schaufelhöhe bedeutet anschaulich, dass die Strömungsbedingungen über der Schaufelhöhe konstant bleiben, wie es bei einer zweidimensionalen Strömung der Fall ist. Die über einer Teilung massengemittelten Werte behalten daher ihre Abhängigkeit von der y-Koordinate.

Über einer Teilung massengemittelter Abströmwinkel bei konstanter Schaufelhöhe:

$$\overline{\tan\beta_{22,t}}(y) = \frac{\int_z^{z+t} \frac{c_{22,z}}{c_{11}}(y,z) \cdot \frac{c_{22,x}}{c_{11}}(y,z)dz}{\int_z^{z+t} \left[\frac{c_{22,x}}{c_{11}}(y,z)\right]^2 dz} \qquad (3.26)$$

Über einer Teilung massengemittelter Gesamtdruckverlustbeiwert bei konstanter Schaufelhöhe:

$$\overline{\zeta_t}(y) = \frac{\int_z^{z+t} \zeta(y,z) \cdot \frac{c_{22,x}}{c_{11}}(y,z)dz}{\int_z^{z+t} \frac{c_{22,x}}{c_{11}}(y,z)dz} \qquad (3.27)$$

Integriert man zusätzlich über der Schaufelhöhe, so entsteht ein integraler Wert, der sowohl die nahezu zweidimensionale Strömung in der Mitte zwischen den Sei-

3.1. BESCHREIBUNG DES VERSUCHSSTANDS

tenwänden als auch die stark verlustbehaftete Strömung im wandnahen Bereich beinhaltet.

Über Teilung und Schaufelhöhe massengemittelter Abströmwinkel:

$$\overline{tan\beta_{22}} = \frac{\int\limits_{y=0}^{y=b/2}\int\limits_{z}^{z+t} \frac{c_{22,z}}{c_{11}}(y,z) \cdot \frac{c_{22,x}}{c_{11}}(y,z) dz dy}{\int\limits_{y=0}^{y=b/2}\int\limits_{z}^{z+t} \left[\frac{c_{22,x}}{c_{11}}(y,z)\right]^2 dz dy} \tag{3.28}$$

Über Teilung und Schaufelhöhe massengemittelter Gesamtdruckverlustbeiwert:

$$\overline{\zeta} = \frac{\int\limits_{y=0}^{y=b/2}\int\limits_{z}^{z+t} \zeta(y,z) \cdot \frac{c_{22,x}}{c_{11}}(y,z) dz dy}{\int\limits_{y=0}^{y=b/2}\int\limits_{z}^{z+t} \frac{c_{22,x}}{c_{11}}(y,z) dz dy} \tag{3.29}$$

3.1.4 Zuströmbedingungen der Messstrecke

Zu Beginn der Untersuchungen mussten die Zuströmbedingungen am Gitterwindkanal ermittelt werden, damit diese für die numerischen Strömungssimulationen als Randbedingung für den Einströmrand verwendet werden konnten. Die Messungen fanden ohne Gitter bei derselben Anströmgeschwindigkeit statt wie die späteren Gittermessungen.

Der Turbulenzgrad wurde mit Hilfe eines zuvor kalibrierten Hitzdrahtanemometer der Firma Dantec vom Typ „StreamLine research CTA system" und der dazugehörigen Software „StreamWare Vol. 3" gemessen. Dazu wurde eine 1D Hitzdrahtsonde vom Typ 55P01 der Firma Dantec verwendet und an der Stelle im Zuströmquerschnitt positioniert, an der sich bei den Messungen die Prandtlsonde befindet. Unter der Annahme eines isotropen Turbulenzgrades, bei dem die mittleren Geschwindigkeitsschwankungen in alle drei Raumrichtungen gleich groß sind, berechnet sich der Turbulenzgrad

$$T_U = \frac{1}{c_{11}} \cdot \sqrt{\frac{1}{3} \cdot \left(\overline{c'^2_{11,x}} + \overline{c'^2_{11,y}} + \overline{c'^2_{11,z}}\right)} \qquad (3.30)$$

mit

$$\overline{c'^2_{11,x}} = \overline{c'^2_{11,y}} = \overline{c'^2_{11,z}}. \qquad (3.31)$$

Der bei der Anströmgeschwindigkeit von $c_{11} = 62\frac{m}{s}$ gemessene Turbulenzgrad beträgt $T_U = 0,2\%$. Er wurde am Einströmrand der Strömungssimulationen als Randbedingung hinterlegt.

Das Geschwindigkeitsprofil der Zuströmung wurde ebenfalls ohne Gitter mit der Fünflochsonde vermessen. Hierzu wurde die gesamte Einströmebene vermessen und die Messwerte in Abhängigkeit vom Wandabstand gemittelt. Das Geschwindigkeitsprofil in der Grenzschicht wurde anschließend mit dem $\frac{1}{7}$-Potenzgesetz und einem angepassten Exponenten approximiert. Für die Geschwindigkeit innerhalb der Grenzschicht ergibt sich somit folgende Gleichung:

$$c_{11}(y) = c_{max} \cdot \left(\frac{y}{\delta}\right)^{\frac{2}{21}} \qquad (3.32)$$

In Abbildung 3.2 ist das Geschwindigkeitsprofil der Grenzschicht dargestellt. Dieses Grenzschichtprofil wurde als Geschwindigkeitsrandbedingung am Einströmrand der Strömungssimulationen hinterlegt. Außerhalb der Grenzschicht wurde die Geschwindigkeit in guter Übereinstimmung mit der Messung konstant gehalten.

3.1. BESCHREIBUNG DES VERSUCHSSTANDS

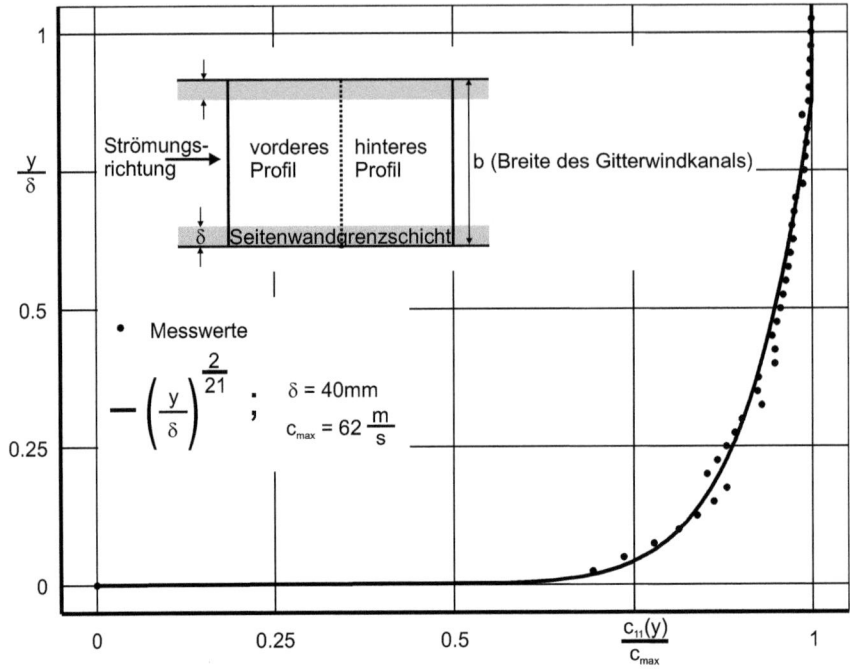

Abbildung 3.2: Geschwindigkeit in der Grenzschicht des Gitterwindkanals

3.1.5 Druckverteilung auf den Schaufelprofilen

Zur Messung der Druckverteilung wurde für jedes Gitter jeweils ein spezielles Schaufelpaar gefertigt. Der Bearbeitungsaufwand zur Fertigung dieser Profile war allerdings sehr groß. Die Profile sollten die Möglichkeit bieten die Druckverteilung in der Kanalmitte und in einem Abstand von 10% der Sehnenlänge von der Seitenwand an möglichst vielen Messpunkten zu messen. Die Schwierigkeit besteht darin, dass die Kanäle bis zur halben Schaufelhöhe sehr lang sind im Vergleich zu ihrem Querschnitt und dass die Oberfläche des Strömungsprofils maßhaltig sein muss und keine Kanten aufweisen darf, die die Strömung beeinflussen.

Die Kontur der Schaufeln wurden daher zunächst mit einem Übermaß gefräst und das Profil anschließend über den gesamten Umfang mit zweistufigen Kanälen versehen. Der untere Kanal wurde von der Seite angebohrt, da sich durch diesen Kanal der Druck von der Oberfläche ausbreitet. In den oberen Kanal wurden dann laserbearbeitete Aluminiumplättchen von 1 mm Dicke so eingeklebt, dass der Klebstoff nicht den darunterliegenden Kanal verstopft. Die seitlichen Druckentnahmestellen konnten von der Profiloberfläche und von der Seite der Profile angebohrt werden, sodass sich die Bohrungen trafen. Nach dem Verkleben konnten die Profile vorsichtig und mit nur geringem Materialabtrag auf Maß gefräst werden, ohne dass sich die verklebten Plättchen wieder lösten. In die seitlichen Bohrungen wurden zum Schluss noch Röhrchen mit einem Durchmesser von 1 mm eingeklebt, an denen der Druck entnommen werden kann. Abbildung 3.3 zeigt exemplarisch ein so gefertigtes Profil.

Bei den Messungen der Druckverteilung wurden drei Drücke gemessen:

$$p_{stat,1} - p_u \qquad (3.33)$$

$$p_{tot,1} - p_u \qquad (3.34)$$

$$p_{stat,ij} - p_u \qquad (3.35)$$

Der Index i steht hierbei für das vermessene Profil ($i = 1$: FB, $i = 2$: AB) und der Index j für die Zuordnung der Druckentnahmestelle am jeweiligen Profil. Aus den Messgrößen wurde der Druckbeiwert wie folgt berechnet:

$$c_p = \frac{p_{stat,ij} - p_{stat,1}}{p_{tot,1} - p_{stat,1}} \qquad (3.36)$$

3.1. BESCHREIBUNG DES VERSUCHSSTANDS

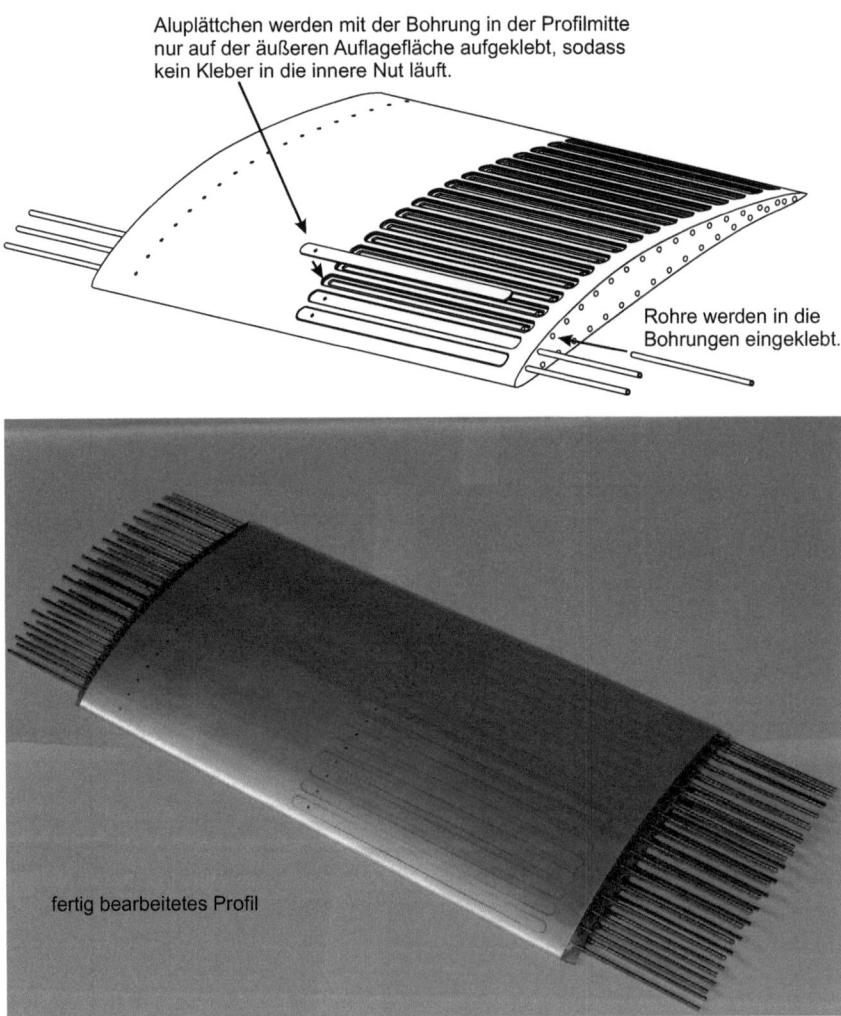

Abbildung 3.3: Beispielhaftes Profil zur Messung der Druckverteilung

KAPITEL 3. EXPERIMENTELLER AUFBAU

Für die Messgröße 3.35 wurde nur ein Drucksensor verwendet, sodass auch hier kein Fehler durch die Verwendung unterschiedlicher Drucksensoren an den Druckentnahmestellen entstehen kann. Der Anschluss der unterschiedlichen Druckentnahmestellen am Drucksensor erfolgte manuell. Die Druckentnahmestellen werden schließlich den genauen Profilkoordinaten zugeordnet und grafisch dargestellt. Die Auswertung der numerischen Ergebnisse erfolgte stets in Analogie zur Auswertung der experimentellen Ergebnisse. Da die Druckverteilung auf den Profiloberflächen ein Maß für die aerodynamische Schaufellast ist, wurde aus den numerischen Ergebnissen zusätzlich die Zweifel-Zahl Ψ_z in der Kanalmitte bestimmt. Anschaulich ist die Zweifel-Zahl der von der c_p-Verteilung eingeschlossene Flächeninhalt, wobei die axiale Länge des Schaufelprofils auf den Wert 1 normiert ist. Die Zweifel-Zahl berechnet sich daher wie folgt:

$$\Psi_z = \int_0^1 \left(c_{p,ps}(x) - c_{p,ss}(x) \right) \frac{dx}{l_x} \tag{3.37}$$

3.1.6 Erstellung von Ölanstrichbildern

Mit Hilfe von Ölanstrichbildern wird die Strömungsstruktur auf den Seitenwänden und auf den Profiloberflächen sichtbar gemacht. Während dieser Arbeit wurden unterschiedliche Substanzen und Techniken erprobt. Häufig wird ein Gemisch aus Paraffinöl, Ölsäure und Titandioxid zur Erstellung von Anstrichbildern verwendet. Die Viskosität des Gemisches wird durch die tropfenweise Zugabe von Ölsäure eingestellt, was die Fließeigenschaften des Gemisches stark beeinflusst. Es ist daher schwierig, wiederholt ein Gemisch mit gleichen Fließeigenschaften zu erhalten, damit die Strömungsstruktur geeignet wiedergegeben werden kann. Außerdem verursacht diese Methode starke Verschmutzungen des Gitterwindkanals und der Umgebung und ist daher mit erheblichem Reinigungsaufwand verbunden.

3.1. BESCHREIBUNG DES VERSUCHSSTANDS

Eine weitere und mit weitaus weniger Reinigungsaufwand verbundene Möglichkeit bietet die Verwendung von Diamant Anreißfarbe. Man erhält sie gebrauchsfertig in Spraydosen, als Fluid oder auch als Stift. Sie ist schnell trocknend und wird zunächst auf den Profilen und der Seitenwand aufgetragen. Durch das anschließende Auftragen und Verlaufen eines Lösemittels wird die Farbe von den stromlinienförmig verlaufenden Lösemitteltropfen wieder aufgelöst und die Strömungsstruktur wird sichtbar. Als Lösemittel muss ein Fluid verwendet werden, das sich nicht zu schnell verflüchtigt. Die Verwendung von Raumduftölen hat sich bei diesem Verfahren als geeignet erwiesen. Problematisch bei diesem Verfahren ist, dass bei vollständiger Benetzung der Oberfläche mit dem Lösungsmittel zu viel Anreißfarbe gelöst wird und die Strömungsstruktur nur schwach sichtbar ist.

Durchbrechenden Erfolg ergab die Verwendung des fluoreszierenden Fluids „Robinair RA16286B Universal A/C DYE". Dieses Fluid ist im KFZ-Handel erhältlich und dient eigentlich der Lecksuche in Klimaanlagen. Es kann pur verwendet oder mit Ethanol gemischt werden. Die Auftragung erfolgt je nach Anwendungsfall entweder tropfenweise, mit einem Pinsel, mit einer Farbrolle, mit einer Injektionsspritze oder mit einer Sprühflasche. Zur Visualisierung der Wandstromlinien auf der Kanalseitenwand wurde diese mit einem Pumpzerstäuber mit sehr feinem Sprühaufsatz gleichmäßig benetzt und anschließend der Gitterwindkanal angeschaltet. Nach einer Wartezeit von wenigen Minuten werden in einem abgedunkelten Raum unter ultraviolettem Licht sehr feine Stromlinien sichtbar, die mit einer Digitalkamera in einem Modus mit langer Belichtungszeit fotografiert werden können. Zur Visualisierung der Stromlinien auf den Profiloberflächen wird das Fluid tröpfchenweise aufgetragen und verlaufen gelassen. Die Rückstände der Flüssigkeit lassen sich nach dem Versuch rückstandslos mit einem Papiertuch ohne Verwendung von zusätzlichen Reinigungsmitteln entfernen. Die Flüssigkeit ist sehr ergiebig, da sie nur sehr dünn aufgetragen wird, und liefert hervorragende

Ergebnisse. Aufgrund der schnellen Ergebnisdarstellung wurde sie daher auch zur Justierung des Anströmwinkels verwendet. Der Anströmwinkel wurde über das obere und untere Absauggebläse des Gitterwindkanals so justiert, dass die Wandstromlinien möglichst über den gesamten Einströmrand im richtigen Winkel ins Strömungsgebiet eintreten. Zur Feststellung des Winkels wurde der Einströmrand mit Farbe benetzt und die eintretenden Stromlinien fotografiert. Der Anströmwinkel kann dann am Computer ermittelt werden.

3.2 Kalibrierung der Fünflochsonde

3.2.1 Beschreibung des Kalibrierprüfstands

Zur Kalibrierung der zur Messung verwendeten Fünflochsonde wurde ein eigens konstruierter Kalibrierprüfstand verwendet. Der Prüfstand besteht aus einem frequenzgesteuerten Seitenkanalverdichter mit einer Antriebsleistung von 25 kW, einem Wabengleichrichter, einer Rohrleitung mit einer nach DIN EN ISO 5167 verbauten Langradiusdüse und einer Beschleunigungsdüse am Ende der Rohrleitung. Hinter der Rohrleitung befindet sich eine computergesteuerte Sondenverstellung. Die Sondenverstellung ist in Abbildung 3.4 dargestellt.

Die Fünflochsonde wird in ihrer Halterung über Rundbögen so geführt, dass sich die Sondenspitze immer im Mittelpunkt der Drehbewegung befindet. Der Sondenwinkel im Bezug zur Anströmung wird über zwei Zahnkränze mit Hilfe von Schrittmotoren eingestellt. Der Anströmwinkel kann in 0,1°-Schritten variiert werden. Bei der Kalibrierung wurde sowohl für den vertikalen Anstellwinkel β als auch für den horizontalen Schiebewinkel γ ein Bereich von -20° bis +20° mit einer Schrittweite von 2° vermessen. Insgesamt ergeben sich daraus 441 Messpunkte. Damit sich die Strömungsbedingungen in jedem Messpunkt einstellen konnten, wurde vor der Messwertaufnahme in jedem Messpunkt 30 Sekunden lang gewartet.

3.2. KALIBRIERUNG DER FÜNFLOCHSONDE

Abbildung 3.4: Sondenverstellung am Kalibrierprüfstand

Die gesamte Kalibrierung erfolgte über eine automatische Schleife in LabVIEW.

Durch den Antrieb über einen frequenzgesteuerten Seitenkanalverdichter lassen sich am Ende der Beschleunigungsdüse beliebige Geschwindigkeiten bis ca. 110 $\frac{m}{s}$ einstellen. Die Kalibrierung erfolgte bei einer Geschwindigkeit von ca. 60 $\frac{m}{s}$, was ungefähr der Geschwindigkeit bei der späteren Gittermessung entspricht.

Zur Messung der Drücke kamen 7 Differenzdrucksensoren mit einem Messbereich von 0-60 mbar sowie ein Absolutdrucksensor mit einem Messbereich von 900-1200 mbar mit einer Genauigkeit von 1% vom Messbereich zum Einsatz. Da die an der Fünflochsonde anliegenden Druckänderungen sehr gering sind, sollten normalerweise Drucksensoren mit einer wesentlich höheren Genauigkeit zum Einsatz kommen. Die höhere Messgenauigkeit ist allerdings auch mit enorm großen Anschaffungskosten und auch Betriebskosten für Nachkalibrierungen etc. verbunden.

Aus diesem Grund wurde stets das komplette System, bestehend aus Fünflochsonde und angeschlossenen Drucksensoren kalibriert, wie es auch bei der späteren Gittermessung zum Einsatz kam. Um den Einfluss von Temperaturschwankungen zu minimieren, wurden die Drucksensoren in einer klimatisierten Box verbaut. Die Temperatur in der Box wurde in einem Bereich von 2°C konstant gehalten.

3.2.2 Messgrößen bei der Kalibrierung

Die in dieser Arbeit durchgeführten Messungen wurden mit einer Fünflochsonde der Firma Althen GmbH vorgenommen. Die Sonde hat eine Länge von 250 mm und und einen Sondenkopfdurchmesser von 1,6 mm. Bei den Gittermessungen kann so ein minimaler Wandabstand von 3 mm realisiert werden. Um eine Beeinflussung des Strömungsfeldes an der Fünflochsonde bei der Kalibrierung zu verhindern, wurde der Totaldruck und der statische Druck der Strömung nicht direkt an der Sondenspitze der Fünflochsonde gemessen, sondern anhand der Messgrößen an der Langradiusdüse bestimmt (siehe Abbildung 3.5). Hierzu wurde im Vorfeld anstelle der Fünflochsonde eine Prandtlsonde zur Messung des statischen Drucks und des Gesamtdrucks eingesetzt und ein Kalibrierfeld erstellt, das aus den Messgrößen an der Langradiusdüse den statischen Druck und den Gesamtdruck am Ende der Rohrstrecke berechnet. Für diesen Vorgang lauten die Messgrößen:

$$p_+ \tag{3.38}$$

$$p_+ - p_u \tag{3.39}$$

$$p_- - p_u \tag{3.40}$$

3.2. KALIBRIERUNG DER FÜNFLOCHSONDE

$$p_{tot} - p_u \qquad (3.41)$$

$$p_{stat} - p_u \qquad (3.42)$$

Aus dem Kalibrierfeld kann anschließend der Gesamtdruck und der statische Druck am Ende der Rohrleitung über ein zweidimensionales Polynom 3. Grades berechnet werden:

$$p_{tot,2} - p_u = f\left(p_+, (p_+ - p_u) - (p_- - p_u)\right) = f\left(p_+, (p_+ - p_-)\right) \qquad (3.43)$$

$$p_{stat,2} - p_u = f\left(p_+, (p_+ - p_u) - (p_- - p_u)\right) = f\left(p_+, (p_+ - p_-)\right) \qquad (3.44)$$

Der schematische Aufbau der gesamten Rohrstrecke ist in Abbildung 3.5 zu sehen.

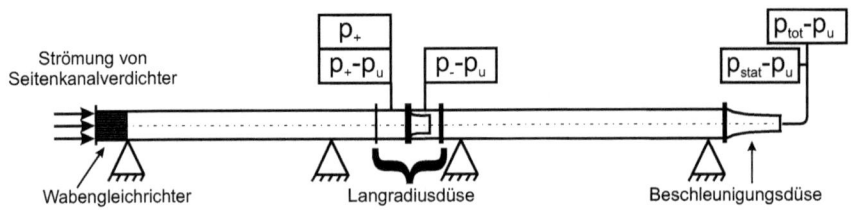

Abbildung 3.5: Rohrstrecke nach DIN EN ISO 5167

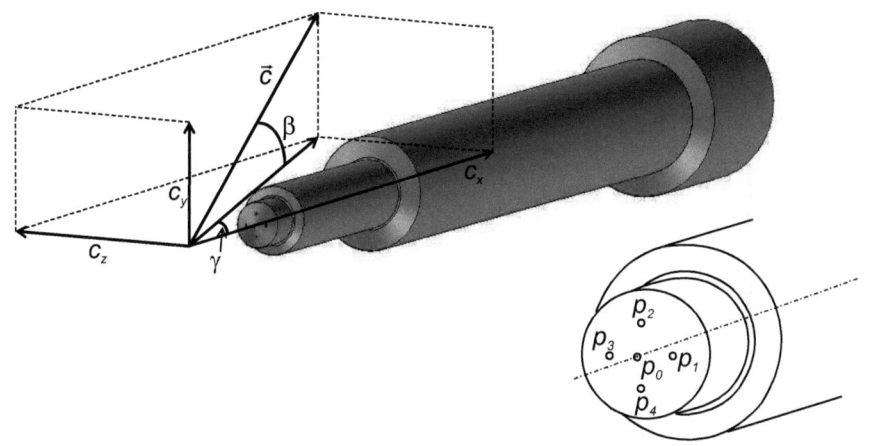

Abbildung 3.6: Strömungswinkel an der Fünflochsonde

An der Fünflochsonde werden während des automatischen Kalibriervorgangs 5 weitere Drücke gemessen und in einer Textdatei gespeichert:

$$p_0 - p_u \tag{3.45}$$

$$p_1 - p_u \tag{3.46}$$

$$p_2 - p_u \tag{3.47}$$

$$p_3 - p_u \tag{3.48}$$

$$p_4 - p_u \tag{3.49}$$

3.2.3 Erstellung der Kalibrierkurven

Aus den Messgrößen der Kalibrierung werden in Matlab zunächst die folgenden dimensionslosen Kennzahlen gebildet:

3.2. KALIBRIERUNG DER FÜNFLOCHSONDE

$$\Delta p = \frac{(p_0 - p_2) + (p_0 - p_4)}{2} \quad (3.50)$$

$$k_\beta = \frac{(p_0 - p_2) - (p_0 - p_4)}{\Delta p} \quad (3.51)$$

$$k_\gamma = \frac{(p_0 - p_1) - (p_0 - p_3)}{\Delta p} \quad (3.52)$$

$$k_p = \frac{(p_0 - p_{stat,2})}{\Delta p} \quad (3.53)$$

$$k_{pt} = \frac{(p_{tot,2} - p_0)}{\Delta p} \quad (3.54)$$

In Abbildung 3.7 sind diese Kennzahlen exemplarisch in einem Diagramm dargestellt.

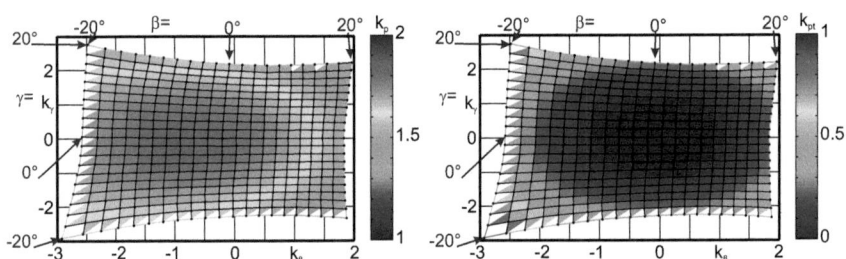

Abbildung 3.7: k_p und k_{pt} in Abhängigkeit von k_β und k_γ mit β und γ als Variablen

Anschließend werden unter Verwendung einer least square Approximation Funktionen für die Berechnung von k_p, k_{pt}, β und γ in Abhängigkeit von k_β und k_γ gebildet, da die dimensionslosen Kennzahlen k_β und k_γ direkt aus Drücken an der Fünflochsonde berechnet werden können.

$$k_p = f(k_\beta, k_\gamma) \qquad (3.55)$$

$$k_{pt} = f(k_\beta, k_\gamma) \qquad (3.56)$$

$$\beta = f(k_\beta, k_\gamma) \qquad (3.57)$$

$$\gamma = f(k_\beta, k_\gamma) \qquad (3.58)$$

4 Numerische Strömungsberechnung

4.1 Grundlagen der numerischen Strömungssimulation

4.1.1 Erhaltungssätze der Strömungsmechanik

Für die Bewegung von Fluiden sind im Allgemeinen Druckunterschiede, Gravitation, Scherung, Rotation und Oberflächenspannung die Ursache. Die auf ein Fluid wirkenden Kräfte lassen sich grob in Trägheitskräfte, Druckkräfte, Oberflächenkräfte und Volumenkräfte unterteilen. Die Bewegung eines Massenelements wird allgemein durch Aufstellen der Erhaltungsgleichungen für Impuls, Energie und Masse berechnet. In der Strömungsmechanik sind die Grundgleichungen

- die Kontinuitätsgleichung (Massenerhaltung, 1 Gleichung)

$$\frac{\partial \rho}{\partial t} + \frac{\partial (\rho \cdot c_x)}{\partial x} + \frac{\partial (\rho \cdot c_y)}{\partial y} + \frac{\partial (\rho \cdot c_z)}{\partial z} = 0,$$

- die Navier-Stokes-Gleichungen (Impulserhaltung, 3 Gleichungen)

$$\rho \cdot \left(\frac{\partial c_x}{\partial t} + c_x \cdot \frac{\partial c_x}{\partial x} + c_y \cdot \frac{\partial c_x}{\partial y} + c_z \cdot \frac{\partial c_x}{\partial z} \right) =$$
$$k_x - \frac{\partial p}{\partial x} + \frac{\partial}{\partial x} \cdot \left[\mu \cdot \left(2 \cdot \frac{\partial c_x}{\partial x} - \frac{2}{3} \cdot (\nabla \cdot \vec{c}) \right) \right] +$$
$$\frac{\partial}{\partial y} \cdot \left[\mu \cdot \left(\frac{\partial c_x}{\partial y} + \frac{\partial c_y}{\partial x} \right) \right] + \frac{\partial}{\partial z} \cdot \left[\mu \cdot \left(\frac{\partial c_z}{\partial x} + \frac{\partial c_x}{\partial z} \right) \right],$$

4.1. GRUNDLAGEN DER NUMERISCHEN STRÖMUNGSSIMULATION

$$\rho \cdot \left(\frac{\partial c_y}{\partial t} + c_x \cdot \frac{\partial c_y}{\partial x} + c_y \cdot \frac{\partial c_y}{\partial y} + c_z \cdot \frac{\partial c_y}{\partial z} \right) =$$
$$k_y - \frac{\partial p}{\partial y} + \frac{\partial}{\partial x} \cdot \left[\mu \cdot \left(\frac{\partial c_x}{\partial y} + \frac{\partial c_y}{\partial x} \right) \right] +$$
$$\frac{\partial}{\partial y} \cdot \left[\mu \cdot \left(2 \cdot \frac{\partial c_y}{\partial y} - \frac{2}{3} \cdot (\nabla \cdot \vec{c}) \right) \right] + \frac{\partial}{\partial z} \cdot \left[\mu \cdot \left(\frac{\partial c_y}{\partial z} + \frac{\partial c_z}{\partial y} \right) \right],$$

$$\rho \cdot \left(\frac{\partial c_z}{\partial t} + c_x \cdot \frac{\partial c_z}{\partial x} + c_y \cdot \frac{\partial c_z}{\partial y} + c_z \cdot \frac{\partial c_z}{\partial z} \right) =$$
$$k_z - \frac{\partial p}{\partial z} + \frac{\partial}{\partial x} \cdot \left[\mu \cdot \left(\frac{\partial c_z}{\partial x} + \frac{\partial c_x}{\partial z} \right) \right] +$$
$$\frac{\partial}{\partial y} \cdot \left[\mu \cdot \left(\frac{\partial c_y}{\partial z} + \frac{\partial c_z}{\partial y} \right) \right] + \frac{\partial}{\partial z} \cdot \left[\mu \cdot \left(2 \cdot \frac{\partial c_z}{\partial z} - \frac{2}{3} \cdot (\nabla \cdot \vec{c}) \right) \right]$$

- und die Energiegleichung für homogene Newtonsche Fluide (1 Gleichung)

$$\rho \cdot \left(\frac{\partial e}{\partial t} + c_x \cdot \frac{\partial e}{\partial x} + c_y \cdot \frac{\partial e}{\partial y} + c_z \cdot \frac{\partial e}{\partial z} \right) =$$
$$\left(\frac{\partial d}{\partial x} \cdot \left[\lambda \cdot \frac{\partial T}{\partial x} \right] + \frac{\partial d}{\partial y} \cdot \left[\lambda \cdot \frac{\partial T}{\partial y} \right] + \frac{\partial d}{\partial z} \cdot \left[\lambda \cdot \frac{\partial T}{\partial z} \right] \right) -$$
$$p \cdot (\nabla \cdot \vec{c}) + \rho \cdot \dot{q}_s + \mu \cdot \Phi.$$

Ihre Herleitung kann beispielsweise in [20, 21] gefunden werden. Durch diese partiellen Differentialgleichungen zweiter Ordnung wird die Strömung eines Fluids genau beschrieben. Wegen ihrer Komplexität sind sie nur für wenige Spezialfälle analytisch lösbar. Sie müssen daher durch Vernachlässigung unwichtiger Terme vereinfacht werden, wodurch Fehler entstehen. Da für die meisten Strömungen selbst die vereinfachten Navier-Stokes-Gleichungen nicht analytisch lösbar sind, müssen numerische Methoden verwendet werden. Mit Hilfe von mathematischen

Diskretisierungsmethoden, die anstelle der partiellen Differentialgleichungen ein System algebraischer Gleichungen lösen, können die Navier-Stokes-Gleichungen approximiert werden. Dennoch sollten die Navier-Stokes-Gleichungen vorher vereinfacht werden, da der Rechenaufwand wesentlich kleiner ist als für die vollen Gleichungen.

4.1.2 Vereinfachung der Bewegungsgleichungen

Bei der Strömung von Flüssigkeiten kann in den meisten Fällen die Kompressibilität vernachlässigt werden. Sie muss berücksichtigt werden, wenn hohe Drücke herrschen, z.b. bei Dieseleinspritzanlagen oder bei hochfrequenten Schwingungen von Wänden. Auch bei Gasen kann die Kompressibilität in vielen Fällen vernachlässigt werden. Man bezeichnet Strömungen von Gasen als inkompressibel, wenn die Mach-Zahl unter 0,3 liegt [20]. Die Mach-Zahl in der vorliegenden Arbeit liegen mit $Ma \approx 0,2$ unterhalb dieser Grenze. Es wurde daher von einer inkompressiblen und isothermen Strömung ausgegangen ($\rho = konst.$, $\mu = konst.$). Bei dieser Annahme wird auf die Anwendung der Energiegleichung verzichtet.

Des Weiteren wurde von einer stationären Strömung ausgegangen, was dazu führt, dass die Ableitungen der Geschwindigkeit nach der Zeit verschwinden.

4.1.3 Lösung der Navier-Stokes-Gleichungen mit numerischen Methoden

Bei der numerischen Strömungssimulation wird ein Kontrollvolumen räumlich diskretisiert, das heißt, es wird in kleine Kontrollvolumina unterteilt. Das Gleichungssystem wird für jedes kleine Kontrollvolumen dann iterativ berechnet. Zur Berechnung von instationären Strömungen besteht die Möglichkeit der zeitlichen Diskretisierung, die in dieser Arbeit jedoch nicht angewendet wurde. Ein unend-

4.1. GRUNDLAGEN DER NUMERISCHEN STRÖMUNGSSIMULATION

lich fein diskretisiertes Kontrollvolumen würde nach unendlich vielen Iterationen eine genaue Lösung liefern. Durch die begrenzte Rechenleistung ist dies allerdings nicht möglich. Es müssen daher Modelle angewendet werden, durch die auf eine feinere Diskretisierung des Strömungsgebietes verzichtet werden kann und mit denen der numerische Fehler nach einer angemessenen Anzahl von Iterationen bereits sehr klein ist. Die am häufigsten angewendeten Verfahren zur Approximation der strömungsmechanischen Bewegungsgleichungen sind das Finite-Differenzen Verfahren, das Finite-Volumen Verfahren und das Finite-Elemente Verfahren. Eine genaue Wiedergabe der Realität kann jedoch mit diesen Verfahren selbst dann nicht erreicht werden, wenn die Gleichungen genau gelöst werden.

Bei den in dieser Arbeit durchgeführten Strömungssimulationen kam das Finite-Volumen Verfahren zum Einsatz. Das Gleichungssystem, mit dem die Bewegungsgleichungen in jedem Kontrollvolumen gelöst werden, ist nichtlinear und wird daher iterativ gelöst. Die Gleichungen werden dabei sukzessive linearisiert. Als Approximationsverfahren kommen Verfahren von zweiter Ordnung zum Einsatz.

Die numerische Lösung ist stark von der Diskretisierung abhängig. Die Wahl eines geeigneten Strömungsgebietes für die Simulation ist dabei der erste Schritt. Es ist ein Kompromiss einzugehen, bei dem der Einfluss des Ein- und Ausströmrandes unter vertretbarem Rechenaufwand gering ist.
Bereiche, in denen große Gradienten in der Strömung zu erwarten sind, müssen feiner aufgelöst und an die Strömungsbedingungen angepasst werden.

4.1.4 Behandlung der Turbulenz

Die meisten technischen Strömungen sind turbulent, das heißt, sie sind instationär, dreidimensional und enthalten viele unterschiedlich große Wirbel. Dadurch kommen Fluidteilchen mit unterschiedlichen Eigenschaften ständig miteinander in Kontakt, wodurch es zum ständigen Energie- und Impulsaustausch unter den Fluidteilchen kommt.

Turbulente Strömungen können prinzipiell mit den Navier-Stokes Gleichungen berechnet werden. Allerdings ist die Lösung der Gleichungen wesentlich komplizierter als bei laminaren Strömungen. Die direkte numerische Simulation (DNS) der Turbulenz erfordert eine extrem feine Auflösung des Rechengitters, da hierbei alle in der Strömung enthaltenen Bewegungen aufgelöst werden müssen. Da die Längen- und Zeitskala der turbulenten Schwankungsgrößen mit steigender Reynoldszahl abnimmt, ist eine direkte numerische Simulation mit den heutigen Rechnerkapazitäten nur für kleine Reynoldszahlen möglich.

Die kleinskaligen Bewegungen in einer Strömung tragen wenig zum Energietransport bei. Die Konzentration auf großskalige Bewegungen ist daher sinnvoll, weil die Erhaltungsgrößen im Wesentlichen durch diese ausgetauscht werden. Man bezeichnet Simulationen, bei denen große Wirbel räumlich und zeitlich aufgelöst und kleinere Wirbel modelliert werden als Grobstruktursimulation oder LES (Large Eddy Simulation). Sie sind dreidimensional und instationär und daher immer noch mit erheblichem Rechenaufwand verbunden.

Da die oben beschriebenen Methoden sehr kosten- und zeitintensiv und teilweise mit den verfügbaren Mitteln unmöglich zu realisieren sind, wird in den meisten Strömungssimulationen die Turbulenz modelliert. Unter dem Oberbegriff RANS-Modelle (Reynolds Averaged Navier Stokes) haben sich eine Vielzahl von Turbulenzmodellen etabliert, die alle ihre Vorzüge bei unterschiedlichen Strömungsaufgaben und Reynoldszahlen haben. Die RANS-Gleichungen entsprechen den zeitlich gemittelten Navier-Stokes Gleichungen. Wegen der Nichtlinearität der Navier-Stokes Gleichungen entstehen bei der Mittelung Therme, die modelliert werden müssen.

4.1.5 Berechnung der Strömung in der Grenzschicht

Turbulenzmodelle sind nicht ohne Weiteres auf den wandnahen Bereich anwendbar. Für diesen Bereich ist eine Modifizierung der Turbulenzmodelle notwendig.

Eine Möglichkeit für die Wandbehandlung besteht in einer extrem hohen Auflösung des Rechengitters im wandnahen Bereich. Allerdings steigt die Anzahl der benötigten Gitterpunkte zur Auflösung der viskosen Unterschicht in der Grenzschicht gerade bei hohen Reynoldszahlen stark an und die Zellen werden sehr flach, wodurch die Konvergenz numerischer Verfahren beeinträchtigt wird. Da man im wandnahen Bereich von einer niedrigen Turbulenz-Reynolds-Zahl spricht, werden die entsprechend modifizierten Turbulenzmodelle als „low-Re turbulence models" bezeichnet. Die Genauigkeit der Ergebnisse ist jedoch trotz der hohen Auflösung des Rechengitters und der besseren Modellierung nicht immer zufriedenstellend.

Eine Möglichkeit, bei der die Grenzschicht nicht so fein aufgelöst werden muss, besteht in der Verwendung von Wandfunktionen. Man nutzt dabei die Tatsache, dass in der turbulenten Grenzschicht ein Bereich existiert, in dem die Geschwindigkeit durch ein bekanntes logarithmisches Gesetz beschrieben wird. Die verschiedenen Bereiche der turbulenten Grenzschicht sind in Abbildung 4.1 dargestellt. Der Bereich, in dem das logarithmische Gesetz nicht gilt (viskose Unterschicht und Übergangsbereich) wird dabei überblendet und außerhalb dieses Bereiches wird die Geschwindigkeit über den logarithmischen Zusammenhang berechnet. Voraussetzung für die Verwendung derartiger Wandfunktionen ist, dass der erste Gitterpunkt so weit von der Wand entfernt ist, dass er im logarithmischen Bereich liegt ($y^+ > 30$). Es gibt allerdings auch Turbulenzmodelle mit Wandfunktionen, in denen auch Funktionen für den Übergangsbereich enthalten sind.

KAPITEL 4. NUMERISCHE STRÖMUNGSBERECHNUNG

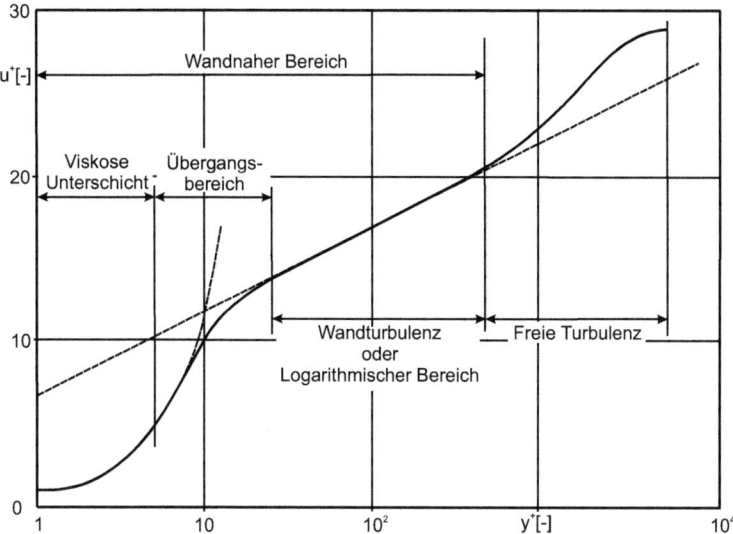

Abbildung 4.1: Geschwindigkeitsprofil einer turbulenten Grenzschicht in Abhängigkeit vom Wandabstand

Die Anwendung von Wandfunktionen auf Strömungen mit Rezirkulationsgebieten liefert zwangsläufig falsche Ergebnisse, da das in Abbildung 4.1 dargestellte Geschwindigkeitsprofil in mehreren Bereichen (beispielsweise in Ablösepunkten, Wiederanlegepunkten und innerhalb der Rezirkulationszonen) nicht existiert.

Es existieren auch Modelle, bei denen Wandfunktionen mit Modellen für niedrige Reynolds-Zahlen in Kombination verwendet werden. Sie werden als „hybride Wandfunktion" bezeichnet.

4.1.6 Das Spalart-Allmaras Turbulenzmodell

Die Reynolds gemittelten Navier-Stokes Gleichungen benötigen zur Schließung des Gleichungssystems ein Turbulenzmodell. Die am meisten verbreiteten Turbulenzmodelle sind die Wirbelviskositätsmodelle. Sie verwenden den Boussinesq

4.1. GRUNDLAGEN DER NUMERISCHEN STRÖMUNGSSIMULATION

Ansatz zur Approximation. Dabei werden die Reynoldsspanungen in Analogie zu den durch molekulare Viskosität hervorgerufenen Spannungen behandelt und die Dichte in allen Thermen der Bewegungsgleichung als konstant angenommen. Die Reynoldsspannungen werden in den Turbulenzmodellen über unterschiedlich viele Differentialgleichungen approximiert. Im Spalart-Allmaras Modell wird lediglich eine zusätzliche Bewegungsgleichung für die turbulente Viskosität berechnet. Aus diesem Grund gehört das Spalart-Allmaras Modell zu den sogenannten Eingleichungsmodellen. Verglichen mit Mehrgleichungsmodellen ergeben sich dadurch Rechenvorteile. In seiner ursprünglichen Form ist das Spalart-Allmaras Modell ein „low-Re turbulence model", bei dem die viskose Unterschicht der turbulenten Grenzschicht extrem fein aufgelöst werden muss ($y^+ < 3$ [22]). Die Strömungsgrößen in der viskosen Unterschicht werden dabei über das lineare Schubspannungsgesetz für newtonsche Medien berechnet. In Fluent besteht zusätzlich die Möglichkeit der Verwendung von Wandfunktionen. Bei Rechengittern, bei denen der dimensionslose Wandabstand y^+ der wandnächsten Zelle größer als 30 ist, werden die Größen der wandnächsten Zelle über das in Kapitel 4.1.5 beschriebene logarithmische Gesetz berechnet. Rechengitter, bei dem die wandnächste Zelle einen dimensionslosen Wandabstand von $3 < y^+ < 30$ besitzt, sollten in Fluent vermieden werden, da keine Funktionen für diesen Bereich implementiert sind [22].

Das Spalart-Allmaras Modell wurde speziell für aerodynamische Anwendungsbereiche entwickelt und liefert gute Ergebnisse in der Berechnung von Grenzschichten, die einem der Strömungsrichtung entgegen gerichteten Druckgradienten ausgesetzt sind, wie es bei Verdichtergittern der Fall ist. Außerdem eignet es sich zur Berechnung von Nachläufen und Mischungsregionen von Nachläufen, weshalb es häufig für Anwendungen in Turbomaschinen Verwendung findet.

Die Erfahrungen, die während dieser Arbeit gemacht wurden, haben gezeigt, dass das Spalart-Allmaras Modell für die Berechnung von Gitterströmungen geeignet ist. Allerdings kann die Strömungsstruktur in Wandnähe unter Verwendung von Wandfunktionen nicht korrekt wiedergegeben werden. Aus diesem Grund werden in dieser Arbeit nur numerische Ergebnisse gezeigt, bei denen das Strömungsgebiet im wandnahen Bereich hoch aufgelöst wurde.

4.2 Diskretisierung des Strömungsgebietes

Die Diskretisierung der Strömungsgebiete wurde mit der Software Icem CFD von Ansys vorgenommen. Icem ist der Vernetzer von Fluent 13, mit der anschließend die Strömungssimulation durchgeführt wurde. Die Dimensionen des Strömungsgebietes stimmen mit den Dimensionen am Gitterwindkanal überein.

Das Strömungsgebiet wurde durch ein blockstrukturiertes Gitter diskretisiert, das im Bereich um die Profile, also dort wo eine höhere Auflösung notwendig ist, verfeinert ist. Im Hinblick auf das bei der Strömungssimulation verwendete Turbulenzmodell wurde das Rechengitter an der Wand und an den Profiloberflächen so verfeinert, dass der erste Rechenknoten einen Wandabstand von weniger als 0,03 mm hat. Daraus resultiert ein dimensionsloser Wandabstand von $y^+ < 3$. Für jedes untersuchte Gitter wurde ein Netz für die zweidimensionalen Strömungssimulationen und ein Netz für die dreidimensionalen Strömungssimulationen erstellt. Abbildung 4.2 zeigt exemplarisch die Struktur des Rechennetzes.

Zur Einsparung von Rechenzeit wurden periodische Ränder in z-Richtung definiert. Des Weiteren wurde eine Symmetrierandbedingung aufgrund der symmetrischen Bauform der Versuchseinrichtung verwendet, was wiederum Rechenzeit einspart.

4.3. SIMULATIONSEINSTELLUNGEN

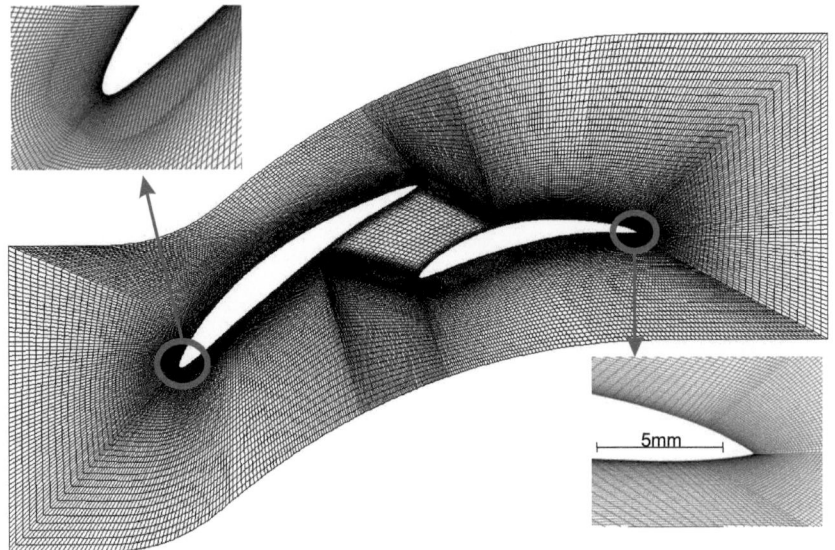

Abbildung 4.2: Beispielhafte Struktur des verwendeten Rechennetzes

4.3 Simulationseinstellungen

Die Strömungssimulationen wurden mit dem Druck basierten Solver von Fluent 13 durchgeführt. Das Spalart-Allmaras Turbulenzmodell wurde sowohl für die zweidimensionalen Strömungssimulationen als auch für die dreidimensionalen Strömungssimulationen verwendet. Die Strömungsbedingungen am Einströmrand wurden durch Messungen am Gitterwindkanal festgelegt. Als Randbedingung wurde „velocity-inlet" mit einem selbst definierten Geschwindigkeitsprofil gewählt. Das Geschwindigkeitsprofil der Grenzschicht des Einströmrandes ist in Abbildung 3.2 dargestellt. Zur Vorgabe unterschiedlicher Anströmwinkel wurde das Geschwindigkeitsprofil mit Matlab in seine Komponenten zerlegt und für den entsprechenden Anströmwinkel eingelesen. Die Maximalgeschwindigkeit am Einströmrand beträgt $62\frac{m}{s}$. Der isotrope Turbulenzgrad wurde durch eine Hitzdrahtmessung ermittelt. Er beträgt $0,2\%$ und wird für den Einströmrand der Strö-

KAPITEL 4. NUMERISCHE STRÖMUNGSBERECHNUNG

mungssimulationen zusammen mit einer turbulenten Längenskala von $0,014m$ vorgegeben. Die turbulente Längenskala soll den maximalen Mischungsweg einer voll ausgebildeten turbulenten Kanalströmung wiedergeben, der mit 7% der Kanalbreite angegeben wird [23]. An den Profilen und der Seitenwand gilt die Haftbedingung („wall"). Am Ausströmrand wurde die Randbedingung „pressure-outlet" mit den Standardeinstellungen des Programms gewählt. Dabei wird ein konstanter statischer Druck über den gesamten Ausströmrand vorgegeben. Diese Randbedingung ist auch in guter Übereinstimmung mit den Bedingungen am Gitterwindkanal, da dieser am Ausströmrand frei gegen Umgebungsdruck ausbläst und der Umgebungsdruck an dieser Stelle der Strömung aufgeprägt wird. Für die übrigen Begrenzungen des Strömungsgebietes wird die periodische Anordnung der Schaufeln sowie die symmetrische Bauweise des Gitterwindkanals genutzt und die entsprechenden Randbedingungen „symmetry" und „periodic" gesetzt, wodurch Rechenzeit eingespart wird. Für die zweidimensionalen Strömungssimulationen entfallen selbstverständlich die Randbedingunen „symmetry" und „wall" für die Begrenzung in y-Richtung. Das Strömungsgebiet für die dreidimensionale Strömungssimulation ist zusammen mit den Randbedingungen in Abbildung 4.3 dargestellt.

Als Lösungsverfahren für die Druck- Geschwindigkeitskopplung wurde der SIMPLEC-Algorithmus mit einer „skewness correction" von 1 angewendet. Die Bewegungsgleichung für Druck wurde mit dem Standard-Verfahren, die für Impuls und turbulente Viskosität wurden mit Upwind-Verfahren zweiter Ordnung räumlich diskretisiert. Gradienten wurden mit dem „Least Squares Cell Based" Verfahren berechnet.

4.3. SIMULATIONSEINSTELLUNGEN

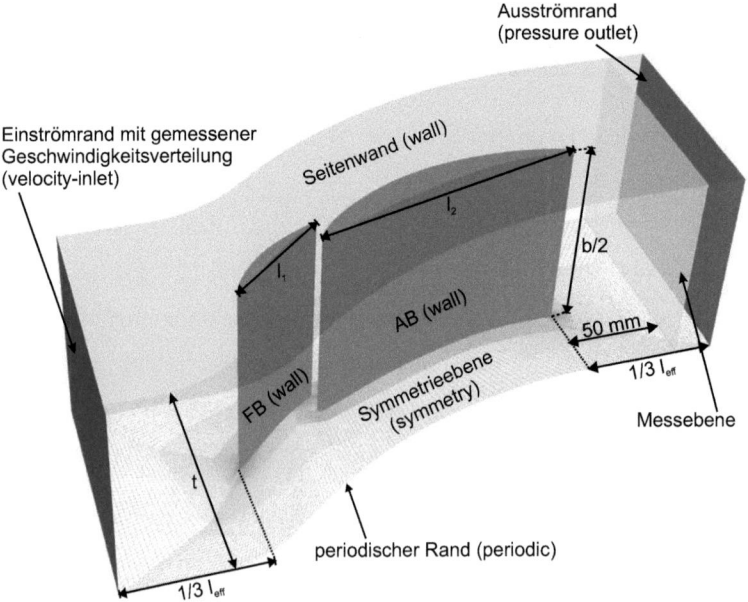

Abbildung 4.3: Beispielhaftes Strömungsgebiet für die 3D-CFD Simulation mit Randbedingungen

5 Ergebnisse

In Kapitel 5.1 werden die Ergebnisse der zweidimensionalen Strömungssimulationen miteinander verglichen und den Messwerten in der Kanalmitte zwischen den Seitenwänden gegenübergestellt. Kapitel 5.2 ist in mehrere Unterkapitel unterteilt. Kapitel 5.2.2 zeigt den Einfluss der unterschiedlichen Gitterkonfigurationen auf die Strömungsstruktur in Wandnähe sowie deren Auswirkungen auf die Strömung auf den Profiloberflächen. Die Strömungsstrukturen von Cascade B und Cascade B1 wurden von C. Klein [24] auf die Anwendbarkeit topologischer Regeln überprüft. Obwohl die Wandstromlinien in den experimentellen Anstrichbildern mit dem angewendeten Ölanstrichverfahren sehr gut wiedergegeben werden, kann man die Index Rule nicht allein auf experimentelle Anstrichbilder anwenden. Die singulären Punkte liegen teilweise zu nah beieinander und können durch die Farbansammlung in diesen Bereichen nicht eindeutig identifiziert werden. Aus diesem Grund wurde die Ähnlichkeit der experimentellen und numerisch erstellten Anstrichbilder zunächst überprüft und anschließend das numerische Ergebnis detailliert analysiert. Dadurch können die Singularitäten in den meisten Fällen genau bestimmt und auf die Index Rule angewendet werden. In der Arbeit von C. Klein [24] wurde somit gezeigt, dass die Index Rule in Tandemgittern erfüllt wird.

Die Strömungsstruktur hat Einfluss auf die Strömung im Nachlauf der Gitter. Dies wird in Kapitel 5.2.3 erläutert.

5.1 Zweidimensionales Strömungsverhalten der Gitterströmungen

Die zweidimensionalen CFD-Simulationen wurden durchgeführt, damit man später einen Vergleich hat, wie groß die Auswirkungen der Seitenwand auf die Ver-

5.1. ZWEIDIMENSIONALES STRÖMUNGSVERHALTEN DER GITTERSTRÖMUNGEN

lustentstehung in einer dreidimensionalen Strömung sind. Zusätzlich zu 4 Tandemgittern wurde ein Einzelgitter mit denselben Gitterparametern untersucht. Die Auslegung der Tandemgitter erfolgte nicht unter dem Aspekt ein möglichst gutes Tandemgitter zu untersuchen, vielmehr sollte der Einfluss unterschiedlicher Teilungsverhältnisse der einzelnen Schaufelreihen und der Einfluss des *Percent Pitch* (PP) untersucht werden. Unter diesem Gesichtspunkt hätte es durchaus sein können, dass die Performance des Einzelgitters den untersuchten Tandemgittern überlegen ist. Die Ergebnisse in den folgenden Kapiteln zeigen jedoch, dass alle untersuchten Tandemgitter eine bessere Performance aufweisen als ein vergleichbares Einzelgitter.

In diesem Kapitel werden nicht ausschließlich zweidimensionale Ergebnisse präsentiert. Zum einen ist es unmöglich eine absolut zweidimensionale Strömung zu messen, da in der Realität kein unendlich weit ausgedehntes Schaufelgitter ohne Wandeinfluss zur Verfügung steht. Andererseits ist dies aber auch unwichtig, da der Vergleich tatsächlich realisierbarer Gegebenheiten mit den Ergebnissen zweidimensionaler Strömungssimulationen wesentlich mehr Aussagekraft darüber hat, ob zweidimensionale Strömungssimulationen für bestimmte Strömungsaufgaben ausreichende Ergebnisse liefern.

Wertet man die Ergebnisse der dreidimensionalen Strömungssimulation in einer Ebene aus, die sich genau mittig zwischen den Seitenwänden befindet, also in der Symmetrieebene gemäß Abbildung 4.3, so erhält man Strömungsgrößen, die einer zweidimensionalen Strömung am nächsten kommen. Je größer die Abweichungen in dieser Ebene im Vergleich zu den Ergebnissen der zweidimensionalen Strömungssimulation sind, desto größer ist auch der Einfluss der Seitenwand bzw. desto stärker sind die durch die Seitenwandgrenzschicht hervorgerufenen Sekundärströmungen. Da das dreidimensionale Strömungsgebiet auch experimentell untersucht wurde, lässt sich ein zusätzlicher Vergleich mit Messgrößen in der Symmetrieebene herstellen. Die nachfolgend dargestellten Ergebnisse wurden daher alle entlang einer Teilung in einem parallelen Abstand zur Hinterkante der letzten Schaufelreihe von 50 mm ermittelt.

Abbildung 5.1 zeigt die lokalen Werte des Gesamtdruckverlustbeiwertes des Referenz-Einzelgitters für den Auslegungspunkt ($\beta_{11} = 50°$) sowie für starke Teillast ($\beta_{11} = 56°$) und starke Überlast ($\beta_{11} = 40°$).

Gerade beim Einzelgitter bestehen große Unterschiede zwischen den Ergebnissen der zweidimensionalen Strömungssimulation und denen der dreidimensionalen Strömungssimulation. Das liegt daran, dass sich in der Nähe der Hinterkante in der dreidimensionalen CFD-Simulation bereits ein Rezirkulationsgebiet ausgebildet hat. Im Experiment liegt der Ablösepunkt noch näher an der Vorderkante, wodurch der Bereich mit hohen Verlusten wesentlich größer ist als von der CFD berechnet wurde. Die Verschiebung des Ablösepunktes zur Vorderkante hin ist nachvollziehbar, da beim Umströmen der Profilsaugseite im Experiment nicht nur ein Druckanstieg bewältigt werden muss, sondern auch ein geringer Anteil an potentieller Energie aufgebaut werden muss, da der Normalenvektor der Ausströmebene am Gitterwindkanal der Erdanziehungskraft entgegen gerichtet ist. Der potentielle Anteil, den die Strömung im Experiment überwindet, ist sehr gering und wird in der numerischen Simulation nicht berücksichtigt. Im Falle einer Rezirkulation kann jedoch bereits eine geringe potentielle Änderung Auswirkungen auf den Ablösepunkt haben. Mit zunehmendem Anströmwinkel verschiebt sich dadurch der Ablösepunkt weiter zur Vorderkante hin, wodurch die Nachlaufdellen größer werden und mehr energiearmes Fluid von der Seitenwand über die Saugseite des Profils bis zur Kanalmitte strömt. Das Ablösen der Grenzschicht ist keine große Überraschung, wenn man sich den Lieblein Diffusionsfaktor des Einzelgitters

5.1. ZWEIDIMENSIONALES STRÖMUNGSVERHALTEN DER GITTERSTRÖMUNGEN

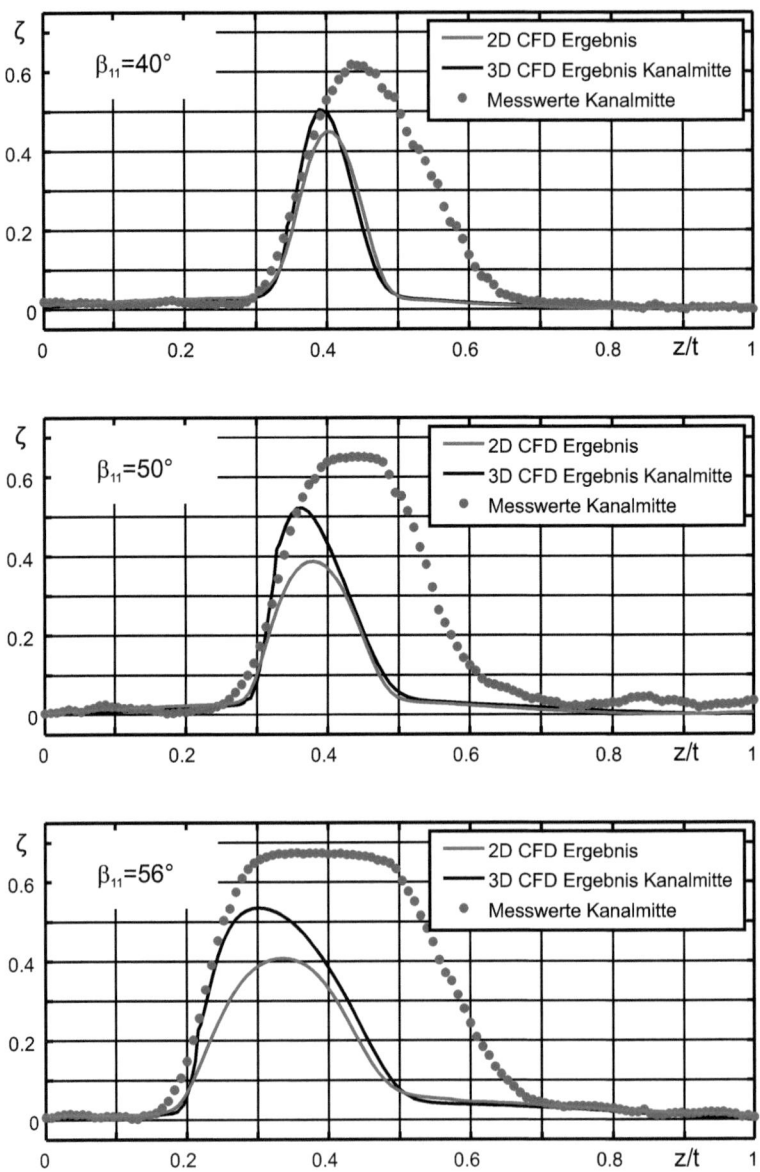

Abbildung 5.1: Gesamtdruckverlustbeiwert ζ entlang einer Teilung des Einzelgitters für verschiedene Betriebspunkte

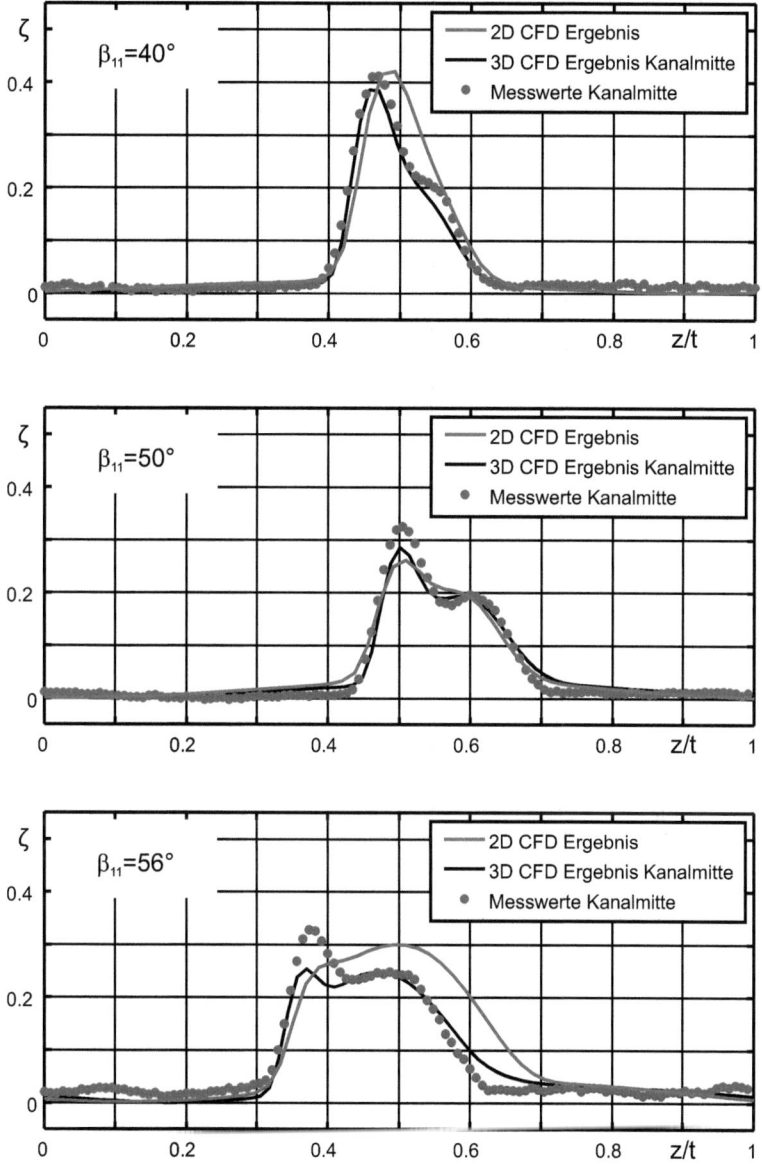

Abbildung 5.2: Gesamtdruckverlustbeiwert ζ entlang einer Teilung von Cascade A für verschiedene Betriebspunkte

5.1. ZWEIDIMENSIONALES STRÖMUNGSVERHALTEN DER GITTERSTRÖMUNGEN

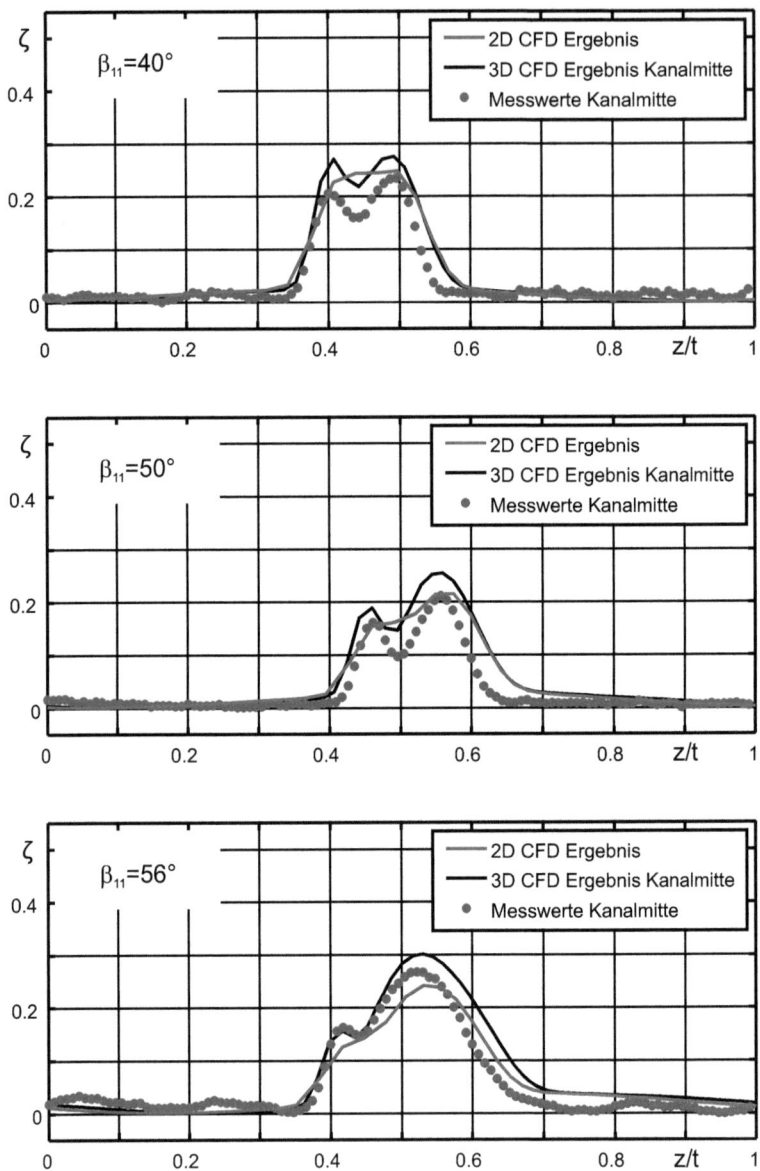

Abbildung 5.3: Gesamtdruckverlustbeiwert ζ entlang einer Teilung von Cascade B für verschiedene Betriebspunkte

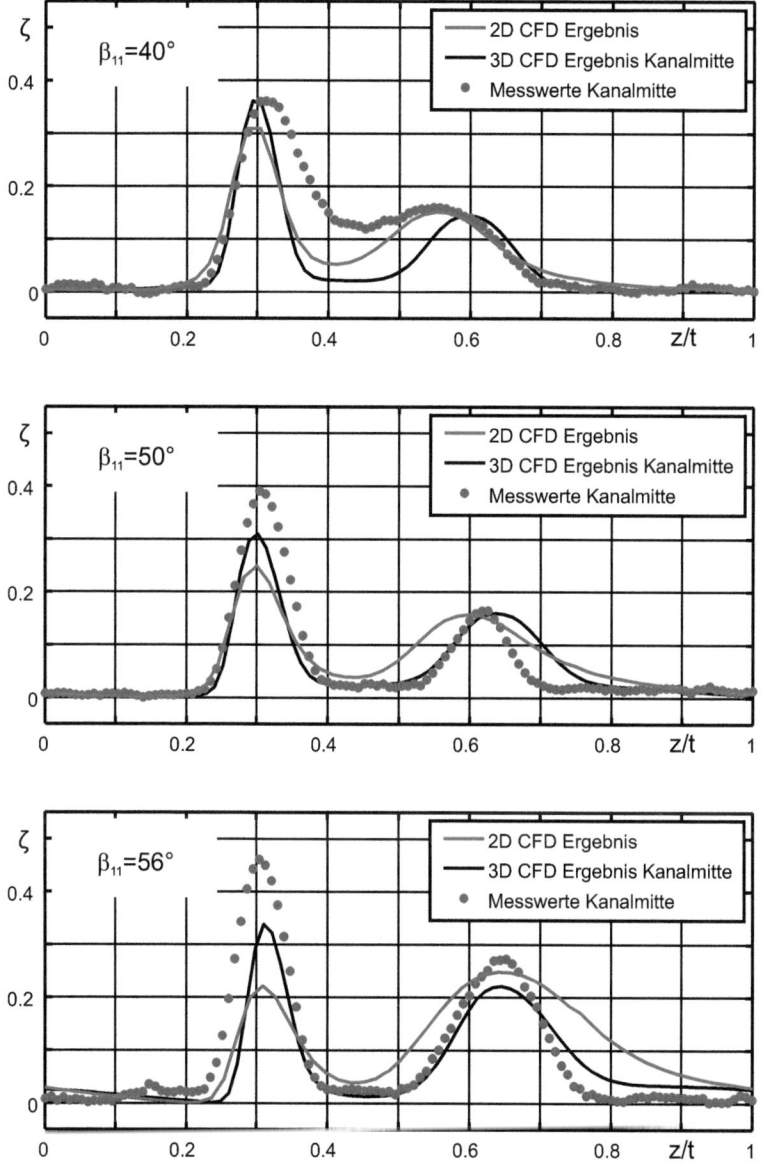

Abbildung 5.4: Gesamtdruckverlustbeiwert ζ entlang einer Teilung von Cascade A1 für verschiedene Betriebspunkte

5.1. ZWEIDIMENSIONALES STRÖMUNGSVERHALTEN DER GITTERSTRÖMUNGEN

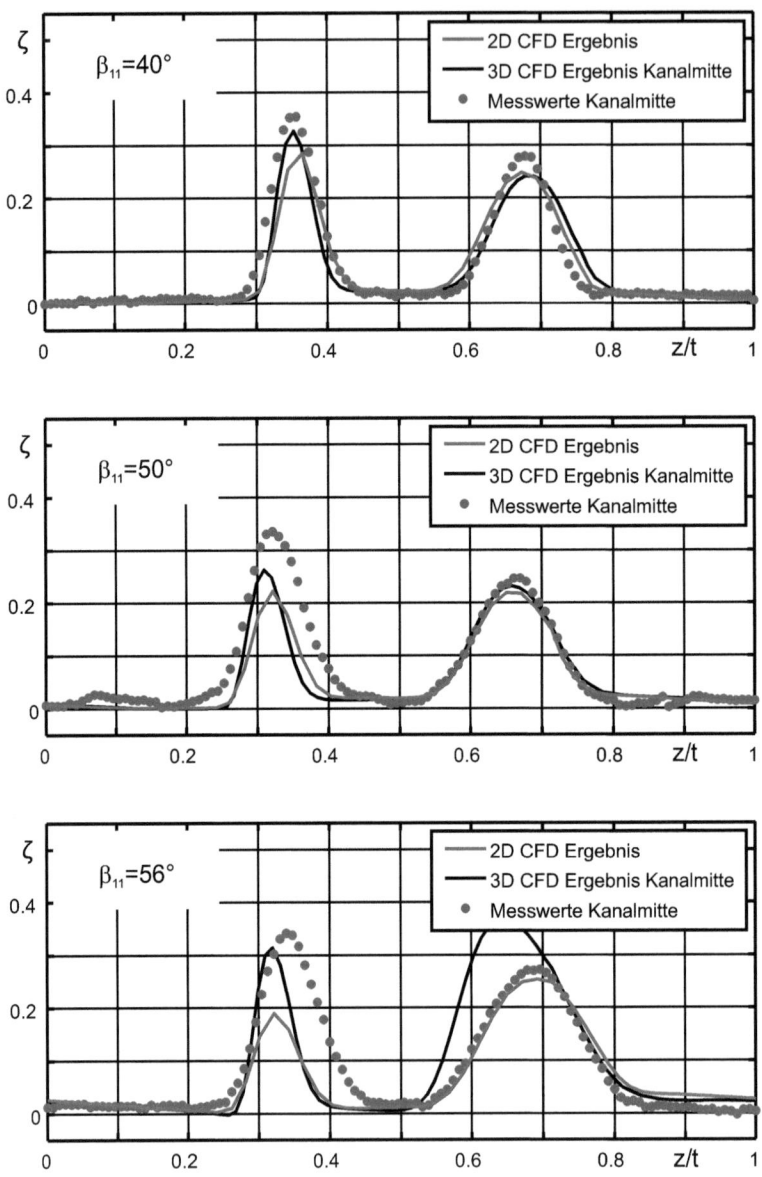

Abbildung 5.5: Gesamtdruckverlustbeiwert ζ entlang einer Teilung von Cascade B1 für verschiedene Betriebspunkte

in Tabelle 2.6 nochmal vor Augen führt. Die aerodynamische Belastung eines Einzelgitters ist sehr hoch, sodass der Diffusionsfaktor nach Lieblein bereits in einem Bereich liegt, in dem die Verluste extrem schnell ansteigen. Aus diesem Grund verursachen Tandemgitter bei großen Umlenkungen gewöhnlich geringere Verluste. Die Schaufeln von Einzelgittern sind wesentlich länger als bei Tandemgittern. Die Profilgrenzschichten dicken entlang der Profilsehne auf und lösen dadurch an einem bestimmten Punkt ab. Die Aufteilung der aerodynamischen Last auf zwei Schaufelprofile bewirkt, dass sich an der hinteren Schaufelreihe eines Tandemgitters eine frische, dünne und ungestörte Grenzschicht ausbildet. Durch die kürzeren Schaufeln dicken die Grenzschichten nicht so stark auf, wie es bei Einzelgittern der Fall ist, wodurch die Grenzschichten erst bei stärkeren Belastungen zum Ablösen neigen.

Die beste Übereinstimmung der Ergebnisse zweidimensionaler CFD-Simulationen und dreidimensionaler CFD-Simulationen in der Kanalmitte ergab sich für das Tandemgitter mit der Konfiguration Cascade A. Abbildung 5.2 zeigt die lokalen Gesamtdruckverlustbeiwerte über einer Teilung im Vergleich. Auch die Messwerte stimmen sehr gut mit den CFD-Ergebnissen überein. Der linke Bereich der Nachlaufdelle zeigt die Verluste, die vom in Strömungsrichtung liegenden hinteren Schaufelprofil verursacht wurden, der rechte Teil der Nachlaufdelle zeigt Verluste der vorderen Schaufelreihe. Da der Spalt zwischen den Schaufeln relativ klein ist, kommt es bis zur Messebene bereits zu einer Vermischung der Strömung, weshalb eine klare Trennung der einzelnen Verlustzonen hier nicht mehr möglich ist. Im Auslegungspunkt sind alle Kurven nahezu deckungsgleich, während sich in den anderen Betriebspunkten der dreidimensionale Einfluss offenbar positiv auf die Strömung in der Kanalmitte auswirkt. Erkennbar ist dies an den größeren Verlustgebieten bei der 2D CFD-Simulation. Im Teillastbereich ($\beta_{11} = 56°$) existiert in der 2D CFD-Simulation ein kleines Rezirkulationsgebiet in der vorderen Schau-

5.1. ZWEIDIMENSIONALES STRÖMUNGSVERHALTEN DER GITTERSTRÖMUNGEN

felreihe, weshalb sich die Verlustzone nach rechts vergrößert. Im Überlastbereich ($\beta_{11} = 40°$) existiert in der 2D CFD-Simulation hingegen ein kleines Rezirkulationsgebiet an der Hinterkante der hinteren Schaufelreihe, wodurch die Verluste leicht ansteigen und die Verlustzonen der beiden Schaufelreihen vollständig ineinander übergehen. Die Nachlaufdellen von Cascade A sind in allen Betriebspunkten wesentlich kleiner als die des Referenz Einzelgitters.

Die Verlustzonen der Einzelprofile liegen auch bei Cascade B durch den kleinen Spalt zwischen den Profilen sehr nahe beieinander, sodass sie bis zur Messebene bereits ineinander übergehen. Man kann jedoch vor allem bei der 3D Simulation und bei der Messung durch die höhere Auflösung noch die beiden Maxima im Nachlauf erkennen. Relativ leicht nachvollziehbar ist, dass die Verluste der vorderen Schaufelreihe hier größere Werte annehmen als die der hinteren Schaufelreihe, da die Sehnenlänge der vorderen Schaufelreihe wesentlich größer ist als die der hinteren Schaufelreihe. Die Profilgrenzschichten dicken dadurch an der vorderen Schaufel wesentlich mehr auf als an der hinteren Schaufel, wodurch die Verlustzonen stärker anwachsen. Abbildung 5.3 zeigt dies anhand der Gesamtdruckverlustbeiwerte.

Ein etwas anderes Bild ergibt sich, wenn der Spalt zwischen den Schaufelreihen größer wird, wie es bei Cascade A1 und Cascade B1 der Fall ist. Abbildung 5.4 zeigt den Gesamtdruckverlustbeiwert von Cascade A1. Die Verlustzonen der einzelnen Schaufelreihen sind durch den größeren Spalt zwischen der vorderen und hinteren Schaufel separat. Für Cascade A1 kann man bei Betrachtung der Nachlaufdelle für das hintere Schaufelprofil (linke Nachlaufdelle) ein ähnliches Verhalten feststellen, wie es anfangs bei der Betrachtung des Einzelgitters bereits beschrieben wurde. Die zweidimensionale Strömungssimulation berechnet die geringsten Verluste. Die Verluste der dreidimensionalen Strömungssimulation sind etwas höher, was auf ein kleines Rezirkulationsgebiet auf der Profilsaugseite in der Nähe der Schaufelhinterkante hindeutet und die gemessenen Verluste sind noch etwas höher, da der Ablösepunkt in der Realität etwas näher an der Vorderkante liegt. Bei Anströmwinkeln von 40° und 42° sind die Verluste zwischen den einzelnen Nachlaufdellen in der Messung größer als von der CFD berechnet. Dies wird durch zwei Effekte verursacht. Eine dieser Ursachen lässt sich auch in den 2D CFD-Ergebnissen wiederfinden und betrifft das vordere Schaufelprofil. Wie die 2D CFD-Ergebnisse zeigen, existiert ein kleines Rezirkulationsgebiet auf der Druckseite des vorderen Schaufelprofils direkt hinter der Profilvorderkante. Durch dieses Rezirkulationsgebiet weitet sich die Verlustzone des vorderen Schaufelprofils (rechte Nachlaufdelle im Bild) in Richtung des hinteren Schaufelprofils aus. Es verbindet sich mit dem Rezirkulationsgebiet auf der Saugseite des hinteren Schaufelprofils. Die numerischen Berechnungen sagen jedoch für die übrigen Betriebspunkte einen wesentlich größeren Verlustbereich vorher als im Experiment ermittelt werden konnte. In den Ergebnissen der Strömungssimulationen sind jedoch keine Anzeichen für Rückströmungen vorhanden, die diesen Verlauf verursachen könnten. Anhand des Druckverlaufs über das Strömungsgebiet in den 2D-Simulationen zeigt sich jedoch, dass der Fehler in der Numerik liegen muss, da es am Ende des Spalts zwischen den Profilen zu einer nicht nachvollziehbaren Druckschwankung kommt.

Für Cascade B1 (Abbildung 5.5) stimmen die numerischen Ergebnisse mit den experimentellen Ergebnissen für den Auslegungspunkt und den Überlastbereich ($\beta_{11} = 40° - 50°$) vor allem für die Verlustentstehung am vorderen Schaufelprofil (rechte Nachlaufdelle) sehr gut überein. An der Hinterkante des hinteren Schaufelprofils ist auch bei Cascade B1 ein kleines Rezirkulationsgebiet vorhanden, das durch dreidimensionale Effekte etwas vergrößert wird und in der Messung wiederum noch etwas stärker in Erscheinung tritt als in der CFD-Simulation.

5.1. ZWEIDIMENSIONALES STRÖMUNGSVERHALTEN DER GITTERSTRÖMUNGEN

Das Verlustgebiet der hinteren Schaufelreihe (linke Nachlaufdelle) ist daher etwas stärker ausgeprägt. Im Teillastbereich ($\beta_{11} = 52° - 56°$) steigt der Verlustbereich der vorderen Schaufelreihe in den dreidimensionalen CFD-Simulationen durch das plötzliche Einsetzen von Corner Stall stark an. Dies hat Einfluss auf die Strömung in Kanalmitte und konnte so im Experiment nicht beobachtet werden.

Der Vergleich von zweidimensionalen Strömungssimulationen mit den Ergebnissen der dreidimensionalen Strömungssimulation in der Kanalmitte und den dazugehörigen Messwerten hat gezeigt, dass bei Tandemgittern vor allem das in Strömungsrichtung liegende hintere Schaufelprofil stärker durch Sekundärströmungen beeinflusst wird als das vordere. Die Abweichungen zwischen zweidimensionalem Strömungsverhalten und den Strömungsbedingungen in der Kanalmitte sind im Überlastbereich und im Auslegungspunkt relativ klein. Im Teillastbereich treten in den dreidimensionalen Strömungssimulationen teilweise realitätsferne Strömungsphänomene an der Seitenwand auf, die Auswirkungen auf die Strömung in der Kanalmitte haben. Die Abweichungen zu den Ergebnissen der zweidimensionalen Strömungssimulation und zu den Messungen sind daher größer.

Die CFD ist in der Lage das Auftreten von Rezirkulationsgebieten zu berechnen. Allerdings sind Rezirkulationsgebiete verbunden mit instationären Strömungsbedingungen und sich lokal schnell ändernden Geschwindigkeits- und Druckgradienten, was eine hohe Netzauflösung und gegebenenfalls eine instationäre Strömungssimulation erfordert. Durch Interpolation in zu grobmaschigen Rechengittern entstehen Fehler, wodurch Rezirkulationsgebiete häufig nicht korrekt berechnet werden.

Die größten Abweichungen zwischen CFD-Simulation und Messung ergeben sich für das Einzelgitter.

Zum Abschluss dieses Kapitels werden die über der Teilung massengemittelten Werte für den Gesamtdruckverlustbeiwert nach Gleichung 3.27, die massengemittelten Umlenkung nach Gleichung 3.26 sowie das maximale Axialgeschwindigkeitsverhältnis diskutiert. Die Werte aus den 2D CFD-Simulationen sind zusammen mit den Messwerten in Abbildung 5.6 dargestellt.

Das Axialgeschwindigkeitsverhältnis ist ein Maß für die infolge Grenzschichtaufdickung, Rezirkulation und Sekundärströmung hervorgerufene Verblockung der Primärströmung. Mit Verblockung ist die Einengung des Strömungskanals gemeint. Aufgrund der Kontinuitätsgleichung muss der Massenstrom in axialer Richtung konstant bleiben, was bei einer Einengung des Strömungskanals nur durch eine beschleunigte Strömung erreicht werden kann. Durch die Beschleunigung wird der statische Druckaufbau durch die erhöhte kinetische Energie der Strömung reduziert. Es ist sinnvoll, den Maximalwert der Axialgeschwindigkeitskomponente zur Berechnung des Axialgeschwindigkeitsverhältnisses zu verwenden.

Zunächst werden die numerischen Ergebnisse des Einzelgitters mit den numerischen Ergebnissen der Tandemgitter verglichen (Linien im Diagramm). Die Betrachtung der Messwerte erfolgt anschließend. Demnach haben Tandemgitter nur unter bestimmten Voraussetzungen Vorteile gegenüber Einzelgittern. Die Druckverlustpolaren von Cascade A und die des Einzelgitters sind nahezu deckungsgleich. Vorteile gegenüber Einzelgittern haben Tandemgitter, die in der vorderen Schaufelreihe ein kleines Teilungsverhältnis haben und bei denen der Spalt zwischen den Schaufelreihen nicht zu groß ist. Cascade B weist diese Eigenschaften auf und verursacht damit über den gesamten Anströmbereich geringere Verluste als das Einzelgitter. Eine Tandemgitterkonfiguration mit großem Teilungsverhältnis in der vorderen Schaufelreihe und einem großen Spalt zwischen den Schaufelreihen

5.1. ZWEIDIMENSIONALES STRÖMUNGSVERHALTEN DER GITTERSTRÖMUNGEN

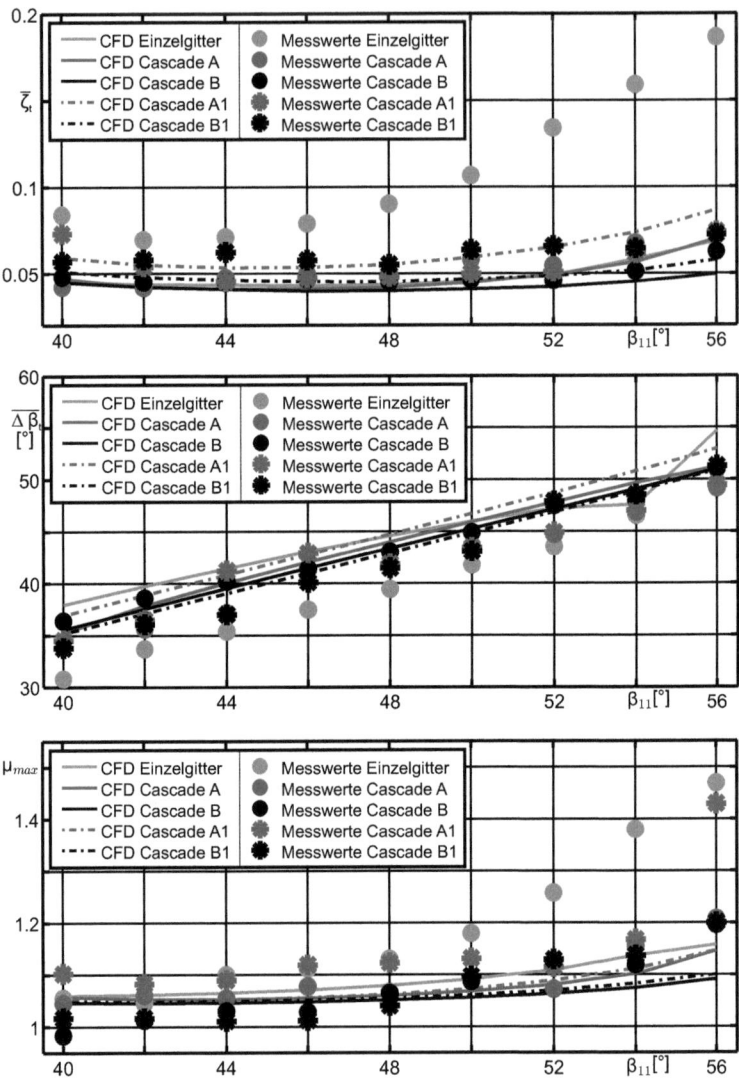

Abbildung 5.6: 2D CFD-Ergebnisse und Messergebnisse der Kanalmitte: Massengemittelter Gesamtdruckverlustbeiwert $\bar{\zeta}_t$ (Oben), massengemittelte Umlenkung $\overline{\Delta \beta_t}$ (Mitte) und maximales Axialgeschwindigkeitsverhältnis μ_{max} (Unten) in Abhängigkeit vom Anströmwinkel β_{11}

(Cascade A1) verursacht hingegen wesentlich größere Verluste als ein Einzelgitter.

Der Vergleich der Messergebnisse zeigt die Nachteile des Einzelgitters wesentlich deutlicher. Es soll jedoch an dieser Stelle nicht unerwähnt bleiben, dass die Messwerte dreidimensionale Strömungseffekte beinhalten und daher nicht direkt vergleichbar mit den 2D CFD-Werten sind. Die Strömung der Seitenwandgrenzschicht beeinflusst die Strömungsbedingungen in der Kanalmitte deutlich. Die Messergebnisse zeigen, dass Tandemgitter allgemein einen wesentlich größeren Arbeitsbereich aufweisen als Einzelgitter. Die Druckverluste im untersuchten Einzelgitter sind durch das größere Rezirkulationsgebiet auf der Saugseite der Profile wesentlich größer als bei den untersuchten Tandemgitterkonfigurationen. Die Umlenkung der Strömung durch das Einzelgitter ist wesentlich geringer als bei Tandemgittern und die Verblockung der Primärströmung wesentlich stärker. Diese Ergebnisse sind in Übereinstimmung mit den Angaben in der allgemein verfügbaren Literatur.

Als nächstes soll der Einfluss des Teilungsverhältnisses der einzelnen Schaufelreihen eines Tandemgitters auf die Verlustentstehung diskutiert werden. Die Ergebnisse der 2D CFD-Simulationen zeigen deutlich, dass Tandemgitter mit einem kleinen Teilungsverhältnis in der vorderen Schaufelreihe (Cascade B und B1) vor allem im Teillastbereich ($\beta_{11} > 50°$) geringere Druckverluste bewirken als Tandemgitter mit einem großen Teilungsverhältnis in der ersten Schaufelreihe. Die Strömung wird durch das kleine Teilungsverhältnis beim Eintritt in das Gitter besser geführt und die Wölbung der vorderen Schaufeln ist kleiner. Eine Anströmung des Gitters außerhalb des Auslegungspunktes wird durch Schaufeln mit kleinem Teilungsverhältnis dadurch wesentlich besser aufgefangen. Ein weiterer Vorteil des kleinen Teilungsverhältnisses liegt darin, dass die Hinterkante der vorderen Schaufelreihe weiter stromab liegt und dadurch die von der Schaufelum-

5.1. ZWEIDIMENSIONALES STRÖMUNGSVERHALTEN DER GITTERSTRÖMUNGEN

strömung hervorgerufene Nachlaufdelle die Strömung am hinteren Schaufelprofil weniger beeinflusst. Cascade B und Cascade B1 bewirken somit die geringste Verblockung der Primärströmung, wie anhand des Axialgeschwindigkeitsverhältnisses zu sehen ist.

Zum Schluss wird nun der Einfluss des Spalts zwischen den Schaufelreihen des Tandemgitters erläutert. In Übereinstimmung mit der Literatur bewirkt der kleinere Spalt zwischen den Schaufelreihen, wie er bei den Tandemgittern mit einem Percent Pitch von 90% vorzufinden ist, geringere Verluste als ein größerer Spalt, wie er bei den Tandemgittern mit einem Percent Pitch von 70% vorzufinden ist. Erstaunlich ist, dass die Verlustpolaren der Tandemgitterkonfigurationen mit 70% Percent Pitch bezüglich der Tandemgitterkonfigurationen mit gleichen Profilen und 90% Percent Pitch nahezu parallel verschoben sind. Der Grund für die höheren Verluste ist, dass durch einen kleineren Spalt die Strömung stark beschleunigt wird und dadurch die Grenzschicht an der Vorderkante der hinteren Schaufelreihe sehr dünn ist. Die höheren Verluste entstehen also hauptsächlich auf der Saugseite des hinteren Schaufelprofils. Es ist daher vorteilhaft, wenn die Profillänge der hinteren Schaufel klein ist. Leider geben die Messwerte dieses Verhalten durch den dreidimensionalen Einfluss im Experiment nicht so deutlich wieder, wie es anhand der Ergebnisse der zweidimensionalen Strömungssimulationen zu sehen ist.

5.2 Dreidimensionales Strömungsverhalten der Gitterströmungen

5.2.1 Sekundärströmung in Einzel- und Tandemgittern

Sekundärströmungen in einem Gitter entstehen durch viskose Effekte in den Grenzschichten. Das ins Strömungsgebiet eintretende Fluid hat an der Seitenwand eine Grenzschicht gemäß Abbildung 3.2. Nach Prandtl wird der statische Druck der Strömung der Grenzschicht aufgeprägt, wodurch innerhalb der Grenzschicht die auf ein Fluidteilchen wirkenden Druckkräfte genauso groß sind wie außerhalb der Grenzschicht. Desweiteren weist die Grenzschichtströmung durch die geringere Geschwindigkeit auch einen geringeren Totaldruck auf als die Strömung außerhalb der Grenzschicht. Der dimensionslose Gesamtdruckverlustbeiwert ζ enthält als Referenzgrößen den Maximalwert des Totaldrucks und den dazugehörigen dynamischen Druck in der Einströmebene. Damit ist einerseits sichergestellt, dass lokale Werte von ζ immer größer als Null sind, da der Totaldruck nicht entlang einer Stromlinie ansteigen kann. Andererseits sind die lokalen Größen des Gesamtdruckverlustbeiwertes bereits innerhalb der Seitenwandgrenzschicht in der Einströmebene größer als Null. Innerhalb des Gitters kommt es dann zu einer Vermischung der Seitenwandgrenzschichtströmung mit der Strömung außerhalb der Seitenwandgrenzschicht. Dadurch wird es sehr schwierig die Verlustentstehung innerhalb des Gitters genau zu lokalisieren. Man müsste hierzu die Änderung des Totaldrucks entlang der einzelnen Stromlinien ermitteln. Dies würde mit viel Aufwand bei den numerischen Ergebnissen funktionieren aber experimentell ist es mit der heutigen Technik nicht möglich.

Der Antrieb des Vermischungsvorgangs ist die Sekundärströmung. Durch die geringere Geschwindigkeit der Fluidteilchen innerhalb der Grenzschicht ist die an den Fluidteilchen angreifende Fliehkraft kleiner als außerhalb der Grenzschicht.

5.2. DREIDIMENSIONALES STRÖMUNGSVERHALTEN DER GITTERSTRÖMUNGEN

Wie bereits erwähnt, erfahren die Fluidteilchen innerhalb der Grenzschicht jedoch dieselbe Druckkraft wie außerhalb der Grenzschicht. Dadurch kommt es in der Nähe der Seitenwand zu einer Überkrümmung der Stromlinien von der Schaufeldruckseite zur nächstgelegenen Schaufelsaugseite und damit zu einer Geschwindigkeitskomponente senkrecht zur Hauptströmungsrichtung. Aus Gründen der Kontinuität ist diese Strömung aber nur möglich, wenn außerhalb der Grenzschicht eine Strömung in entgegengesetzte Richtung einsetzt. Die dadurch entstehende Sekundärströmung in einem Schaufelgitter ist dadurch der Sekundärströmung in einem Rohrkrümmer sehr ähnlich. Durch die Sekundärströmung wird das energiearme Fluid der Seitenwandgrenzschicht über die Saugseite der Schaufeln von der Seitenwand weggetragen und über die Druckseite der Schaufeln energiereiches Fluid zur Seitenwand transportiert. Die Geschwindigkeitskomponenten der Sekundärströmung sind in Abbildung 5.7 schematisch in Form von Geschwindigkeitsvektoren für das Einzelgitter aufgetragen. Die Farbgebung der dargestellten Flächen entspricht dem Gesamtdruckverlustbeiwert ζ nach Gleichung 3.24, wobei die tiefblaue Einfärbung einem Wert von $\zeta = 0$ entspricht.

Neben der Umschichtung von energiearmen und energiereichen Strömungsbereichen entstehen bei der Durchströmung des Gitters auch weitere Druckverluste durch Reibung. Zur Hinterkante hin bildet sich zwischen Profilsaugseite und Seitenwand dann ein relativ stark ausgeprägtes Gebiet mit niedrigem Gesamtdruck (hoher ζ-Wert) aus. An der Profilhinterkante trifft die Strömung der Profilsaugseite mit der Strömung der Profildruckseite zusammen. Ihre Sekundärströmungskomponenten zeigen in entgegengesetzte Richtung und gleichen sich im weiteren Verlauf durch Reibung an, was erneut mit Druckverlusten verbunden ist.

In Tandemgittern (Abbildung 5.8) bildet sich die Sekundärströmung zunächst in der vorderen Schaufelreihe aus. Bis zur Hinterkante hat sie einen ähnlichen

Charakter wie in einem Einzelgitter, ist jedoch noch nicht so stark ausgeprägt. Das aus der vorderen Schaufelreihe austretende Strömungsprofil tritt in die hintere Schaufelreihe ein, wo sich erneut ein Sekundärströmungsprofil wie in einem Einzelgitter einstellt, das der vorhandenen Sekundärströmung aus der vorderen Schaufelreihe überlagert wird. Die Verlustzone der vorderen Schaufelreihe, die sich am Übergang zwischen Seitenwand und Profilsaugseite ausbildet, wird innerhalb der hinteren Schaufelreihe in Richtung Seitenwand und Saugseite der Schaufeln transportiert, wodurch eine weitere Ausbreitung in Richtung Kanalmitte verhindert wird. Beim Auftreffen auf die Schaufelsaugseite bewirkt sie allerdings das Einsetzen von Corner Stall. Die Größe des Corner Stalls wird vom Teilungsverhältnis und der Anordnung der hinteren Schaufelreihe bezüglich der vorderen Schaufelreihe bestimmt. Ein Vergleich mit den Abbildungen der Strömungsstruktur an der Seitenwand in Kapitel 5.2.2 macht dies deutlich.

Die Entstehung der Sekundärströmung in einem Gitter wurde nun anschaulich erklärt. Jetzt gilt es noch zu erläutern, wovon die Sekundärströmung hauptsächlich beeinflusst wird. Wie man in Kapitel 5.2.2 sehen wird, beeinflusst die Position des hinteren Schaufelprofils die Sekundärströmung in der vorderen Schaufelreihe. Bei kleinerem Percent Pitch wirkt innerhalb der vorderen Schaufelreihe auf die Fluidteilchen nicht nur ein Druckgradient von der Schaufeldruck- zur nächstgelegenen Schaufelsaugseite, sondern zusätzlich ein Druckgradient von der Druckseite der vorderen Schaufel zur Saugseite der hinteren Schaufel. Er bewirkt, dass die Sekundärströmung an der Seitenwand innerhalb der vorderen Schaufelreihe abgeschwächt wird. Bei größerem Percent Pitch wird der Einfluss kleiner. Den größten Einfluss auf die Stärke der Sekundärströmung hat die Grenzschichtdicke. CFD-Simulationen haben gezeigt, dass die Sekundärströmung in Gittern, die eine dünne Seitenwandgrenzschicht haben, wesentlich schwächer ist als in den in dieser Arbeit vorgestellten Gittern mit einer Seitenwandgrenzschichtdicke von 40 mm. Der

5.2. DREIDIMENSIONALES STRÖMUNGSVERHALTEN DER GITTERSTRÖMUNGEN

Grund dafür ist die innerhalb der Grenzschicht wirkende Schubspannung. Sie ist umso größer, je dünner die Grenzschicht ist. Ihre Kraft wirkt in Richtung der Primärströmung, da sie durch Reibung des schnelleren Fluids am langsameren Fluid kommt.

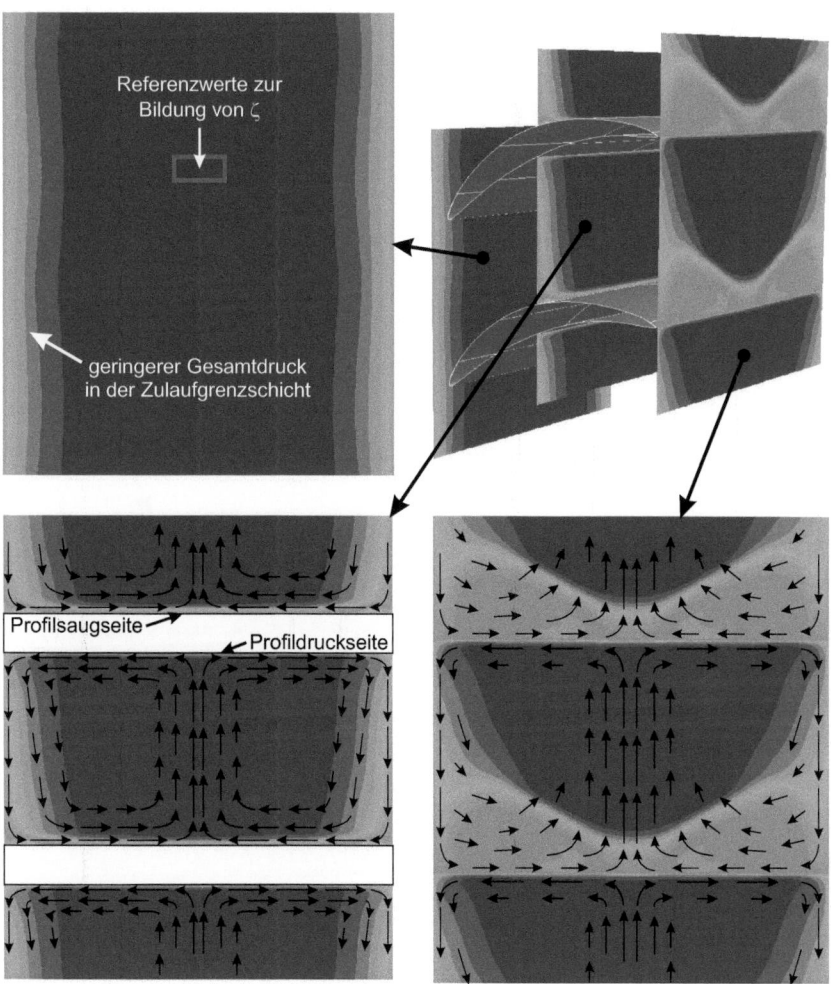

Abbildung 5.7: Entwicklung der Sekundärströmung im Einzelgitter

5.2. DREIDIMENSIONALES STRÖMUNGSVERHALTEN DER GITTERSTRÖMUNGEN

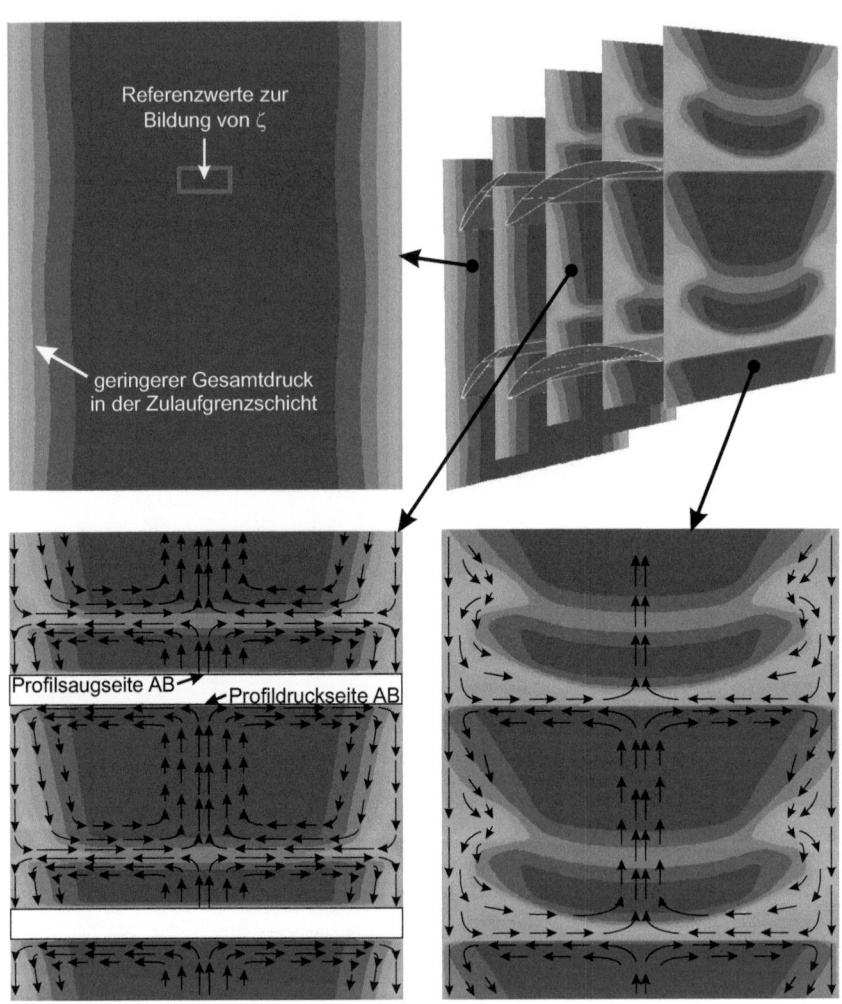

Abbildung 5.8: Entwicklung der Sekundärströmung im Tandemgitter

5.2.2 Strömungsstruktur an der Seitenwand und auf den Profiloberflächen

5.2.2.1 Einzelgitter

Die Stärke der Sekundärströmung ist neben der Grenzschichtdicke der Seitenwandgrenzschicht vom Anströmwinkel des Gitters abhängig, da mit steigendem Anströmwinkel auch der Druckgradient zwischen Profildruckseite und Profilsaugseite ansteigt. Die Wandstromlinien werden dadurch stärker gekrümmt. In Abbildungen 5.9 bis 5.11 sind die numerischen und experimentellen Anstrichbilder der Seitenwand gegenübergestellt. Die überlagerten roten Linien in den experimentellen Bildern entsprechen den dicken schwarzen Linien in den numerischen Bildern.

Die beim Eintritt ins Strömungsgebiet in wandnähe befindliche Strömung ist rot eingefärbt. Die Stromlinien treten zunächst parallel unter dem vorgegebenen Anströmwinkel ins Strömungsgebiet ein. Vor der Profilvorderkante befindet sich ein Sattelpunkt, an dem sich die rot eingefärbte Strömung teilt. Von der gegenüberliegenden Seite des Sattelpunktes strömt Fluid aus einem Knotenpunkt an der Profilvorderkante ebenfalls in Richtung Sattelpunkt. Da sich dieses Fluid im Knotenpunkt an die Seitenwand anlegt, handelt es sich dabei um einen Anlegeknoten. Das sich anlegende Fluid kommt aus dem Staupunkt der Profilvorderkante. Die Bewegung in Richtung Seitenwand wird allerdings nicht durch ein statisches Druckgefälle im Staupunkt hervorgerufen, da der statische Druck der Außenströmung nach Prandtl der Seitenwandgrenzschicht aufgeprägt wird. Der Totaldruck an der Seitenwand ist jedoch kleiner als in der Kanalmitte, wodurch ein Totaldruckgefälle entsteht und so im Staupunkt des Profils eine Bewegung in Richtung Seitenwand in Gang gesetzt wird. An der Seitenwand teilt sich die Strömung am Sattelpunkt auf, wobei der zur Saugseite hin gerichtete Teil dieser Strömung in Abbildungen 5.9 bis 5.11 dunkelblau eingefärbt ist und der zur Druckseite hin

5.2. DREIDIMENSIONALES STRÖMUNGSVERHALTEN DER GITTERSTRÖMUNGEN

gerichtete Teil zusammen mit der Strömung, die von der Profildruckseite an die Seitenwand strömt, grün eingefärbt ist. Der Sattelpunkt ist daher Startpunkt von zwei dreidimensionalen Ablöselinien. Im Gegensatz zu zweidimensionalen Ablöselinien ist die Schubspannung in einer dreidimensionale Ablöselinie nicht gleich Null, sondern nimmt dort lediglich ein Minimum an. Die Stromlinien konvergieren von beiden Seiten der Ablöselinie in ihr und lösen dort von der Wand ab. Die rot eingefärbte Strömung, die am Sattelpunkt zur Profilsaugseite hin strömt, wird von der dunkelblau eingefärbten Strömung von der Saugseite abgedrängt, bevor sie schließlich durch die im Gitter erzeugte Sekundärströmung in Richtung Profilsaugseite strömt und die Profiloberfläche erreicht. Die dreidimensionale Ablöselinie setzt sich nun auf der Profiloberfläche fort (Abbildung 5.12). An ihr konvergiert die Strömung, die die Profiloberfläche saugseitig umströmt mit der Strömung, die von der Seitenwand auf die Profiloberfläche strömt. Je stärker die Sekundärströmung im Gitter ist, desto kleiner ist der dunkelblau eingefärbte Bereich an der Seitenwand und desto weiter rückt die dreidimensionale Ablöselinie auf der Profilsaugseite in Richtung Profilvorderkante.

Die rot eingefärbte Strömung an der Seitenwand erreicht die Profiloberfläche auf der Druckseite nicht, da sie am Sattelpunkt durch die Sekundärströmung direkt in Richtung Saugseite des nächstgelegenen Profils abgelenkt wird. Wie in Kapitel 5.2.1 beschrieben, strömt aus Kontinuitätsgründen Fluid von der Profildruckseite zur Seitenwand nach und legt sich dort an die Seitenwand an. Diese Strömung ist grün eingefärbt. Sie bildet in der Ecke zwischen Profildruckseite und Seitenwand eine Anlegelinie aus. Im Gegensatz zu Ablöselinien, in denen Stromlinien konvergieren, divergieren die Stromlinien aus Anlegelinien heraus.

Die Krümmung der Wandstromlinien hängt von der Stärke der Sekundärströmung im Gitter ab, die wiederum von der Umlenkung abhängt. Je größer der Anströmwinkel, desto größer die Umlenkung und die Sekundärströmung. Bei kleinen Anströmwinkeln (Abbildung 5.9) erreicht die grün eingefärbte Strömung die Profilsaugseite überhaupt nicht, während sie bei großen Anströmwinkeln (Abbildung 5.11) die Profilsaugseite bereits auf etwa halber Sehnenlänge erreicht. Durch die stärkere Sekundärströmung bei größeren Anströmwinkeln wird einerseits wesentlich mehr Fluid aus der Seitenwandgrenzschicht über die Profilsaugseite in den Strömungskanal transportiert und andererseits durch die Reibung an den Profiloberflächen und der Kanalseitenwand wesentlich mehr Druckverluste erzeugt.

Hinter dem Gitter befindet sich in der Nähe der Profilhinterkante ein weiterer Sattelpunkt an der Seitenwand. Durch den Sattelpunkt geht eine dreidimensionale Ablöselinie. In ihr konvergiert die Strömung der Druckseite mit der Strömung des „Crossflows" und löst sich von der Seitenwand ab. Das Fluid auf der linken Seite des Sattelpunktes strömt in Richtung Profiloberfläche zurück und löst sich bei kleinen Anströmwinkeln in der Nähe der Hinterkante von der Seitenwand ab. Bei größer werdenden Anströmwinkeln schiebt sich diese Strömung auf der Profilsaugseite unter den „Crossflow" und verursacht einen schmalen aber recht lang gezogenen Corner Stall, der sich bis zur dreidimensionalen Ablöselinie auf der Profilsaugseite erstreckt.

Die numerischen und experimentellen Anstrichbilder der Kanalseitenwand stimmen für Anströmwinkel von $\beta_{11} = 40°$ bis $\beta_{11} = 50°$ sehr gut überein. Für größere Anströmwinkel werden die Abweichungen größer, da die Sekundärströmung in den numerischen Simulationen stärker ist, als im Experiment. Der Grund dafür könnte sein, dass sich bei größeren Anströmwinkeln die Grenzschichtdicke der Seitenwandgrenzschicht ändert. Gemäß den Abweichungen müsste die Grenzschichtdicke der Einströmebene im Experiment bei größeren Anströmwinkeln dünner werden. Eine genaue Bestimmung der Grenzschichtdicke bei eingebautem Gitter

5.2. DREIDIMENSIONALES STRÖMUNGSVERHALTEN DER GITTERSTRÖMUNGEN

ist jedoch mit den vorhandenen Mitteln nicht möglich. Außerdem ist ein über alle Teilungen konstanter Anströmwinkeln im Experiment bei großen Anströmwinkeln relativ schwierig einzustellen, wodurch leichte Abweichungen zu den in den CFD-Simulationen hinterlegten Randbedingungen auftreten.

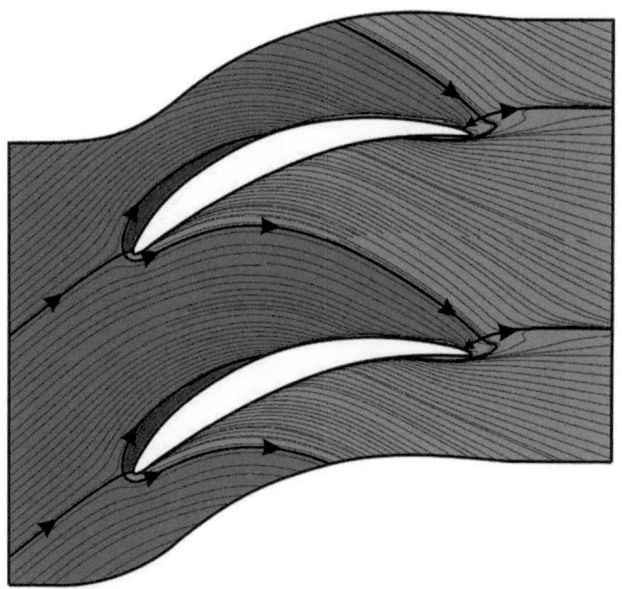

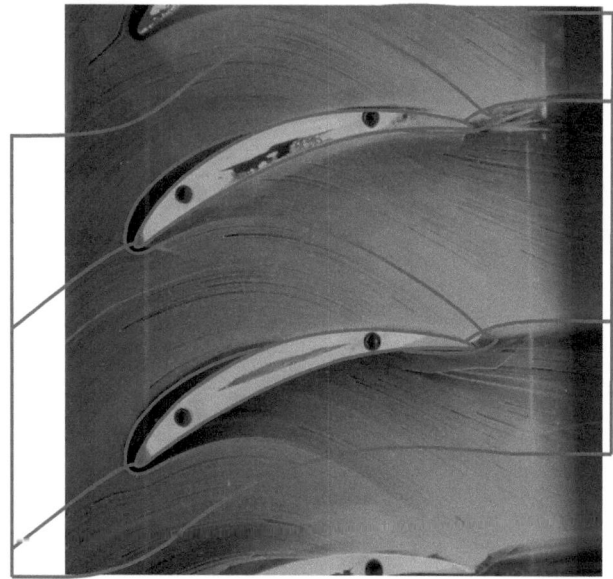

Abbildung 5.9: Numerisches und experimentelles Anstrichbild der Seitenwand des Einzelgitters bei einem Anströmwinkel von 40°

5.2. DREIDIMENSIONALES STRÖMUNGSVERHALTEN DER GITTERSTRÖMUNGEN

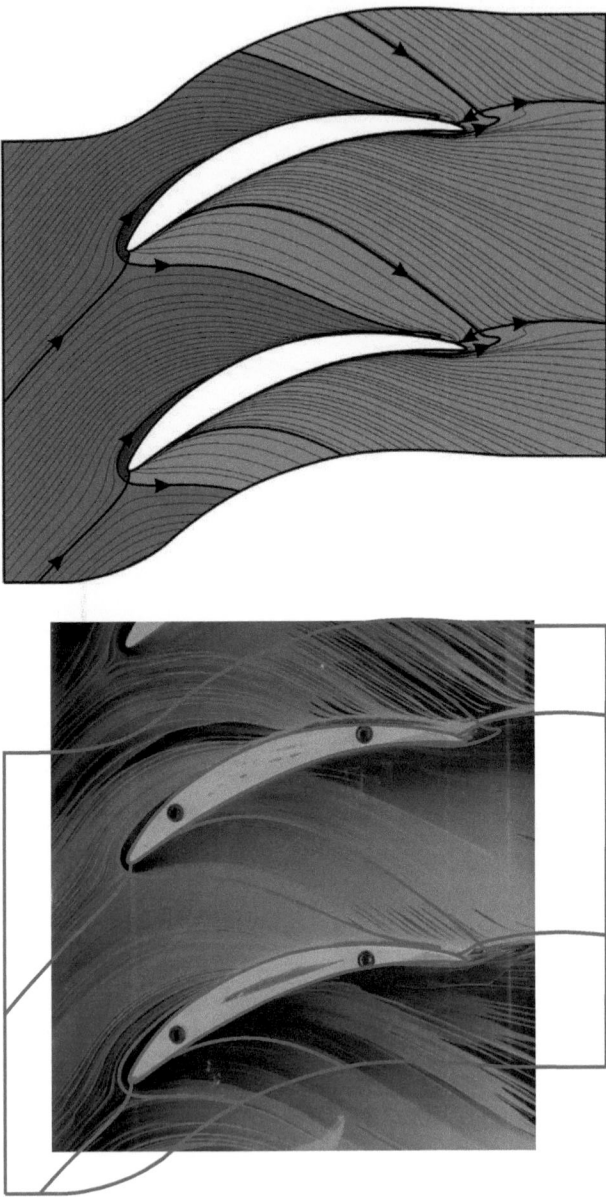

Abbildung 5.10: Numerisches und experimentelles Anstrichbild der Seitenwand des Einzelgitters bei einem Anströmwinkel von 50°

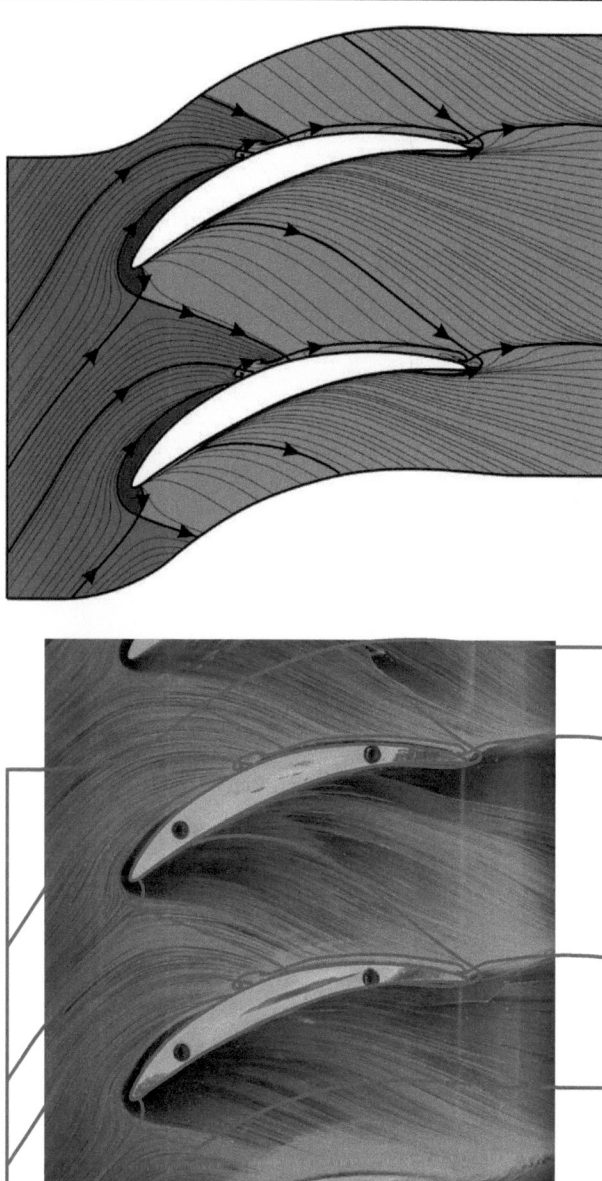

Abbildung 5.11: Numerisches und experimentelles Anstrichbild der Seitenwand des Einzelgitters bei einem Anströmwinkel von 56°

5.2. DREIDIMENSIONALES STRÖMUNGSVERHALTEN DER GITTERSTRÖMUNGEN

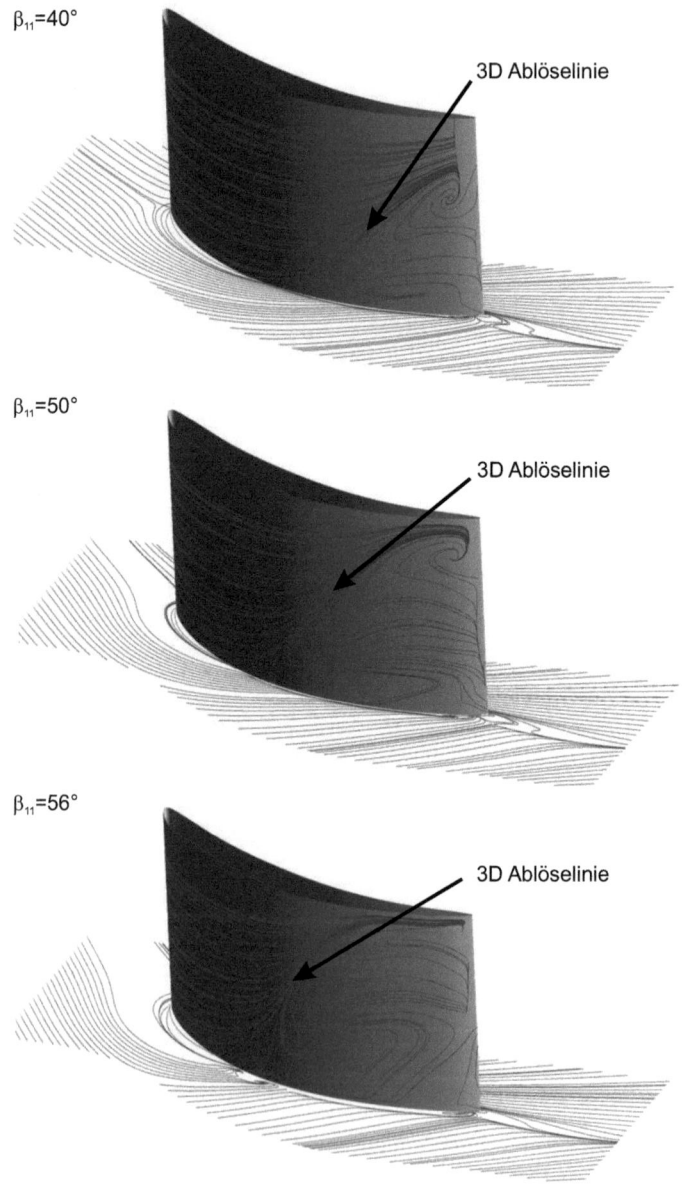

Abbildung 5.12: Wandstromlinien auf der Saugseite des Einzelgitters

5.2.2.2 Cascade A

Die Strömungsstruktur an der Seitenwand von Cascade A ist in Abbildungen 5.13 bis 5.15 sowohl als numerisches Ergebnis als auch als experimentelles Ergebnis für die Anströmwinkel 40°, 50° und 56° dargestellt. Die überlagerten roten Linien im experimentellen Anstrichbild stellen wieder die dicken schwarzen Linien aus dem numerischen Anstrichbild dar. Die Strömung, die sich beim Eintritt ins Strömungsgebiet an der Seitenwand befindet ist rot dargestellt, dunkelblau ist die Strömung, die entlang des Staupunktes der vorderen Schaufel zum Anlegeknoten an der Seitenwand und von dort zur Profilsaugseite strömt und grün eingefärbt ist die Strömung, die sich infolge der Sekundärströmung von der Druckseite der vorderen Schaufel an die Seitenwand anlegt. An der hinteren Schaufel strömt die orange eingefärbte Strömung an der Profilvorderkante über den Staupunkt zum Anlegeknoten an der Seitenwand und von dort weiter zur Profilsaugseite, die hellblau eingefärbte Strömung legt sich wiederum wegen der Sekundärströmung von der Profildruckseite an die Seitenwand an und im Bereich der Schaufelhinterkante ist ein weiterer Bereich orange eingefärbt, der sich von der Saugseite an die Wand anlegt und dort einen Wirbel bildet. An jedem Farbübergang befindet sich eine dreidimensionale Ablöselinie mit Ausnahme der beiden Farbübergänge dunkelblau-grün an der Vorderkante der vorderen Schaufel und hellblau-orange an der Vorderkante der hinteren Schaufel. Eine weitere dreidimensionale Ablöselinie befindet sich stromab des Sattelpunktes nahe der Hinterkante des hinteren Schaufelprofils. Grundsätzlich werden an jedem Schaufelprofil vier dreidimensionale Ablöselinien an der Seitenwand erzeugt, von denen immer zwei mit einem Sattelpunkt verbunden sind. Jedes Profil hat einen Sattelpunkt nahe der Schaufelvorderkante und einen Sattelpunkt nahe der Schaufelhinterkante. Aus den Sattelpunkten an den Schaufelvorderkanten geht je eine Ablöselinie in Richtung Schaufelsaugseite und eine Ablöselinie in entgegengesetzte Richtung der Sekundärströmung folgend. Aus den Sattelpunkten an den Schaufelhinterkanten geht je eine Ablöselinie auf

5.2. DREIDIMENSIONALES STRÖMUNGSVERHALTEN DER GITTERSTRÖMUNGEN

einen Ablöseknoten auf der Schaufeloberfläche und wieder eine in entgegengesetzte Richtung stromab.

Die Ergebnisse der numerischen Strömungssimulation stimmen in den meisten Betriebspunkten sehr gut mit den experimentellen Ergebnissen überein. Für Anströmwinkel von $\beta_{11} = 40°$ bis $\beta_{11} = 50°$ wird exakt die Lage der Sattelunkte, der Ablöselinien und auch der Einfluss der Sekundärströmung auf die Krümmung des „Crossflows" wiedergegeben. Desweiteren wird auch die Größe des Corner Stall Gebietes, das sich auf der Saugseite der hinteren Schaufelreihe befindet korrekt wiedergegeben. In der vorderen Schaufelreihe wird von der CFD ebenfalls ein kleines Gebiet mit Corner Stall im Bereich der Hinterkante berechnet, das auch im Experiment nachgewiesen werden konnte. In den numerischen Ergebnissen ist dieses Gebiet für Anströmwinkel zwischen $\beta_{11} = 40°$ bis $\beta_{11} = 50°$ nahezu gleich groß (siehe Abb. 5.13 und 5.14), während es im Experiment über den gesamten Anströmwinkelbereich kontinuierlich anwächst. Bei einem Anströmwinkel von $50°$ ist das Gebiet daher im Experiment etwas größer als von der CFD berechnet. Ab einem Anströmwinkel von $\beta_{11} = 52°$ wächst diese Corner Stall Region in der vorderen Schaufelreihe in den numerischen Simulationen abrupt stark an, was im Widerspruch zu den experimentellen Ergebnissen steht. Erstaunlicherweise stimmt jedoch die Strömungsstruktur von Experiment und CFD in der zweiten Schaufelreihe auch für Anströmwinkel von $\beta_{11} = 52°$ bis $\beta_{11} = 56°$ sehr gut überein. Durch das plötzliche Anwachsen des Corner Stall Bereiches in den CFD-Simulationen werden an der Seitenwand zusätzliche Druckverluste erzeugt, die über die dreidimensionale Ablöselinie hinter der vorderen Schaufel ins Kanalinnere transportiert werden. Diese Verluste sind in den Konturplots der CFD in Kapitel 5.2.3 sichtbar. Aus diesem Grund ist der Bereich hoher Druckverluste in der Messebene für Anströmwinkel von mehr als $50°$ in den CFD Ergebnissen größer als in der Messung. Corner Stall in der vorderen Schaufelreihe tritt nicht unerwartet auf, wenn man davon ausgeht, dass das Kriterium von Lei für das Auftreten von Corner Stall auf Tandemgitter anwendbar ist (Vgl. Abb. 2.2). Das Auftreten von Corner Stall in der hinteren Schaufelreihe ist allerdings mit diesem Kriterium nicht vereinbar. Der Corner Stall Bereich in der hinteren Schaufelreihe wird durch die in der vorderen Schaufelreihe erzeugte Sekundärströmung beeinflusst. Die Geschwindigkeitsvektoren der Sekundärströmung zeigen an der Hinterkante der vorderen Schaufel in entgegengesetzte Richtung (Vgl. Abb. 5.8). Dies ist vor allem an der Seitenwand stark ausgeprägt. Beim Durchgang durch die hintere Schaufelreihe wird dieser Strömung dann die Sekundärströmung der hinteren Schaufelreihe zusätzlich überlagert, wodurch das Fluid von der Hinterkante der vorderen Schaufel (an der Seitenwand) entlang der dreidimensionalen Ablöselinie auf die Saugseite der hinteren Schaufel (in Wandnähe) transportiert wird. Durch die Wirbelbewegung wird Corner Stall in der hinteren Schaufelreihe erzeugt. Bei einem Anströmwinkel von $\beta_{11} = 56°$ erreicht die Ablöselinie nicht mehr die Profiloberfläche der hinteren Schaufel, wodurch der Corner Stall Bereich nahezu vollständig verschwindet.

Die Strömung auf den Profilsaugseiten ist in Abbildung 5.16 dargestellt. Der Corner Stall Bereich in der vorderen Schaufelreihe erstreckt sich bis zur dreidimensionalen Ablöselinie auf der Profilsaugseite. Für Anströmwinkel von $\beta_{11} = 40°$ ist dieser Bereich sehr klein. Bis zu einem Anströmwinkel von $\beta_{11} = 50°$ wächst er auf der Profilsaugseite langsam an und ab einem Anströmwinkel von $\beta_{11} = 52°$ wächst er so stark an, sodass sich die dreidimensionale Ablöselinie fast bis zur Profilvorderkante verschiebt. Bis $\beta_{11} = 50°$ stimmt dies mit den experimentellen Anstrichbildern überein. Auf der Saugseite des hinteren Schaufelprofils sorgt die durch den engen Spalt zwischen den Schaufeln beschleunigte Primärströmung dafür, dass die von der Seitenwand kommende Sekundärströmung sich auf der Profilsaugseite nicht weit in Richtung Kanalmitte ausbreiten kann. Die Sekundärströmung wird

5.2. DREIDIMENSIONALES STRÖMUNGSVERHALTEN DER GITTERSTRÖMUNGEN

durch die impulsreiche Spaltströmung sozusagen zur Profilhinterkante gedrängt. Bei einem Anströmwinkel von $\beta_{11} = 40°$ ist die Sekundärströmung noch relativ schwach, wodurch der „Corner Stall" sich auf einen kleinen Bereich nahe der Profilhinterkante beschränkt. Durch die mit größer werdendem Anströmwinkel stärker werdende Sekundärströmung wird dieser Bereich bis zu einem Anströmwinkel von $\beta_{11} = 50°$ größer. Ab $\beta_{11} = 52°$ erreicht die rot eingefärbte Strömung nicht mehr die Profiloberfläche der hinteren Schaufelreihe. Dadurch wird die dreidimensionale Ablöselinie zwischen Hinterkante der vorderen Schaufelreihe und Saugseite der hinteren Schaufelreihe angehoben, wodurch der Corner Stall Bereich auf der hinteren Schaufelreihe wieder kleiner wird. Dieses Phänomen kann sowohl in den numerischen Ergebnissen als auch in den experimentellen Ergebnissen beobachtet werden, obwohl die Strömungsstruktur in der vorderen Schaufelreihe für Anströmwinkel $\beta_{11} > 52°$ nicht mehr übereinstimmt.

Verglichen mit den übrigen Gittern, entwickelt sich die Sekundärströmung in Cascade A am schnellsten. Die Ursache dafür lässt sich anhand der c_p-Verteilung (Abb. 5.17) der Schaufelprofile erklären. Die aerodynamische Last am vorderen Schaufelprofil von Cascade A ist extrem groß. Durch die damit verbundenen hohen Druckunterschiede zwischen Profildruck- und Saugseite erfährt das Fluid in der Seitenwandgrenzschicht innerhalb der ersten Schaufelreihe eine enorm große Kraftwirkung von der Druckseite zur Saugseite. Sie dient als Antrieb für die Sekundärströmung. Die Zweifel-Zahl Ψ_z, die anhand der numerisch ermittelten Druckverteilung in der Kanalmitte für die einzelnen Schaufelprofile ermittelt wurde, ist im Auslegungspunkt für das vordere Schaufelprofil mehr als doppelt so groß wie für das hintere Schaufelprofil. Anschaulich bedeutet dies, dass die auf das Fluid in der vorderen Schaufelreihe wirkende mittlere Druckkraft mehr als doppelt so groß ist wie in der hinteren Schaufelreihe. Das vordere Schaufelprofil von Cascade A ist also wesentlich stärker belastet als das hintere, obwohl die Diffusionsfaktoren nach Lieblein den gleichen Wert annehmen. Die Differenz der Zweifel-Zahlen des vorderen Schaufelprofils und des hinteren Schaufelprofils steigt mit dem Anströmwinkel an. Die Zweifel-Zahl ist daher ein gutes Maß für die die Sekundärströmung bewirkende Kraft. Auch der Einfluss des Teilungsverhältnisses einer Schaufelreihe des Tandemgitters wird dadurch deutlich. In Tandemgittern führt ein größeres Teilungsverhältnis einer Schaufelreihe, vor allem wenn das größere Teilungsverhältnis in der vorderen Schaufelreihe vorzufinden ist, zu einer stärkeren Belastung der Schaufel.

An dieser Stelle soll auch bereits eine erste Aussage über den Einfluss des Percent Pitch getroffen werden. Die Aussage wird gestützt von den in den folgenden Abschnitten diskutierten Ergebnissen der übrigen Tandemgitterkonfigurationen. Ein großer Percent Pitch (kleiner Spalt zwischen den Schaufeln) hat positiven Einfluss auf die Ausbreitung des von der Seitenwand auf die Profilsaugseite der hinteren Schaufelreihe strömenden verlustbehafteten Fluids. Eine im Spalt ausreichend beschleunigte Strömung bewirkt, dass die Geschwindigkeitskomponente der Sekundärströmung klein ist, im Vergleich zur Hauptgeschwindigkeitskomponente. Die dreidimensionale Ablöselinie auf der Saugseite der hinteren Schaufel breitet sich dadurch nicht so weit in Richtung Kanalmitte aus.

5.2. DREIDIMENSIONALES STRÖMUNGSVERHALTEN DER GITTERSTRÖMUNGEN

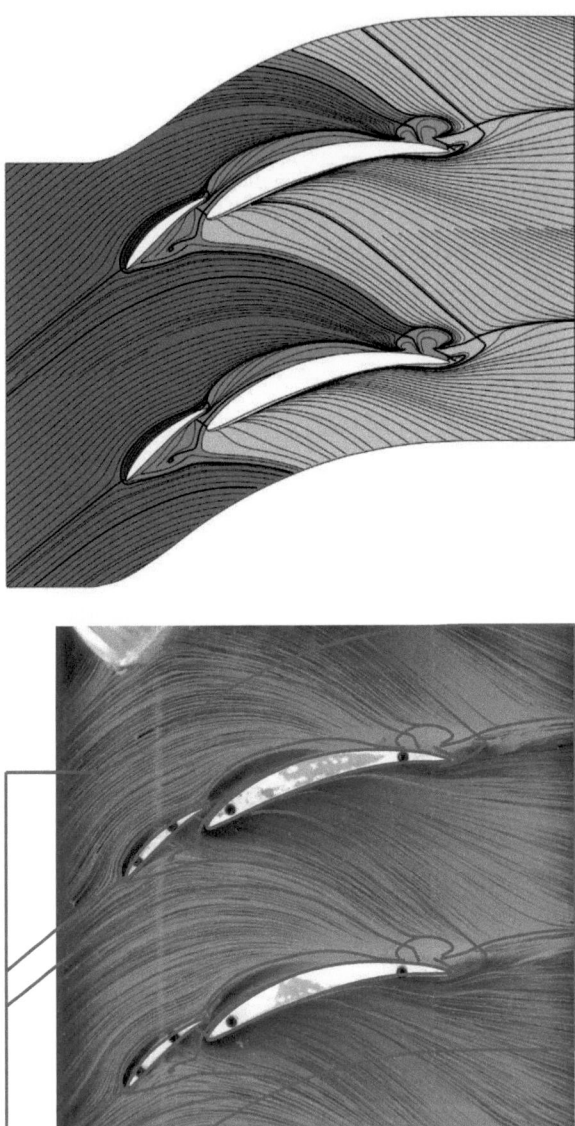

Abbildung 5.13: Numerisches und experimentelles Anstrichbild der Seitenwand von Cascade A bei einem Anströmwinkel von 40°

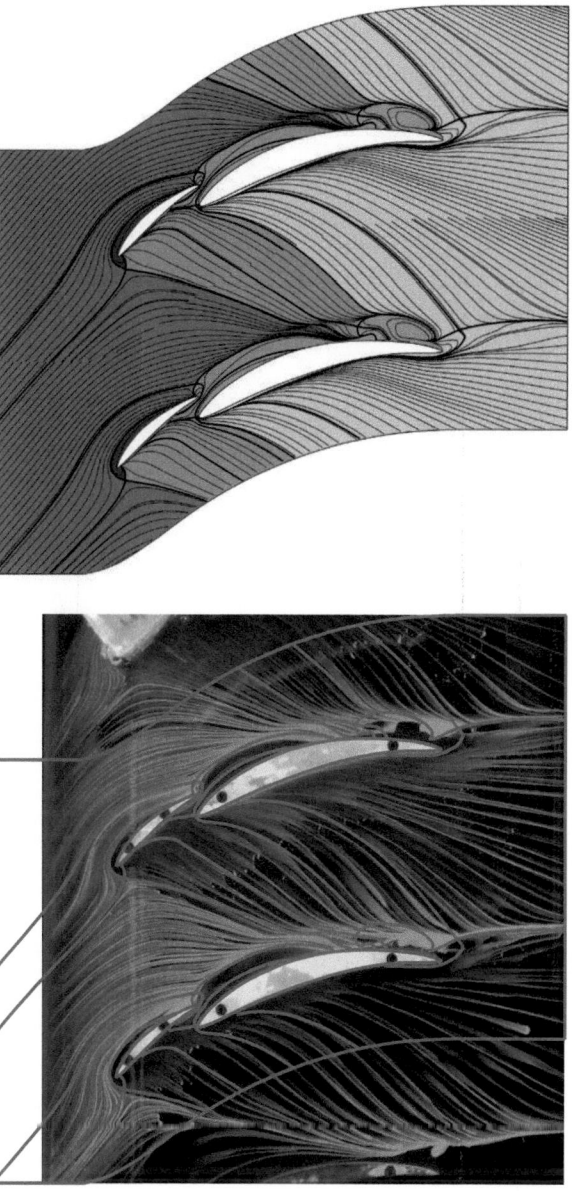

Abbildung 5.14: Numerisches und experimentelles Anstrichbild der Seitenwand von Cascade A bei einem Anströmwinkel von 50°

5.2. DREIDIMENSIONALES STRÖMUNGSVERHALTEN DER GITTERSTRÖMUNGEN

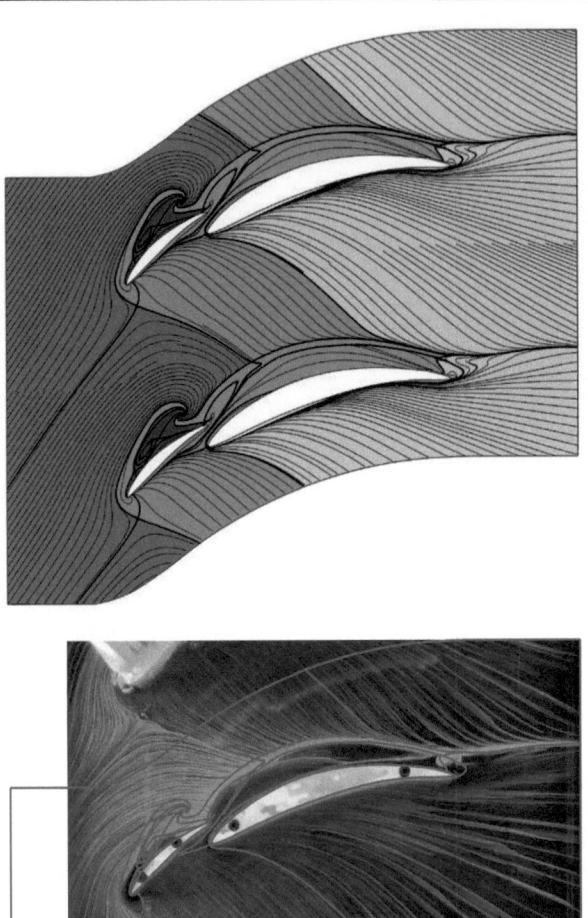

Abbildung 5.15: Numerisches und experimentelles Anstrichbild der Seitenwand von Cascade A bei einem Anströmwinkel von 56°

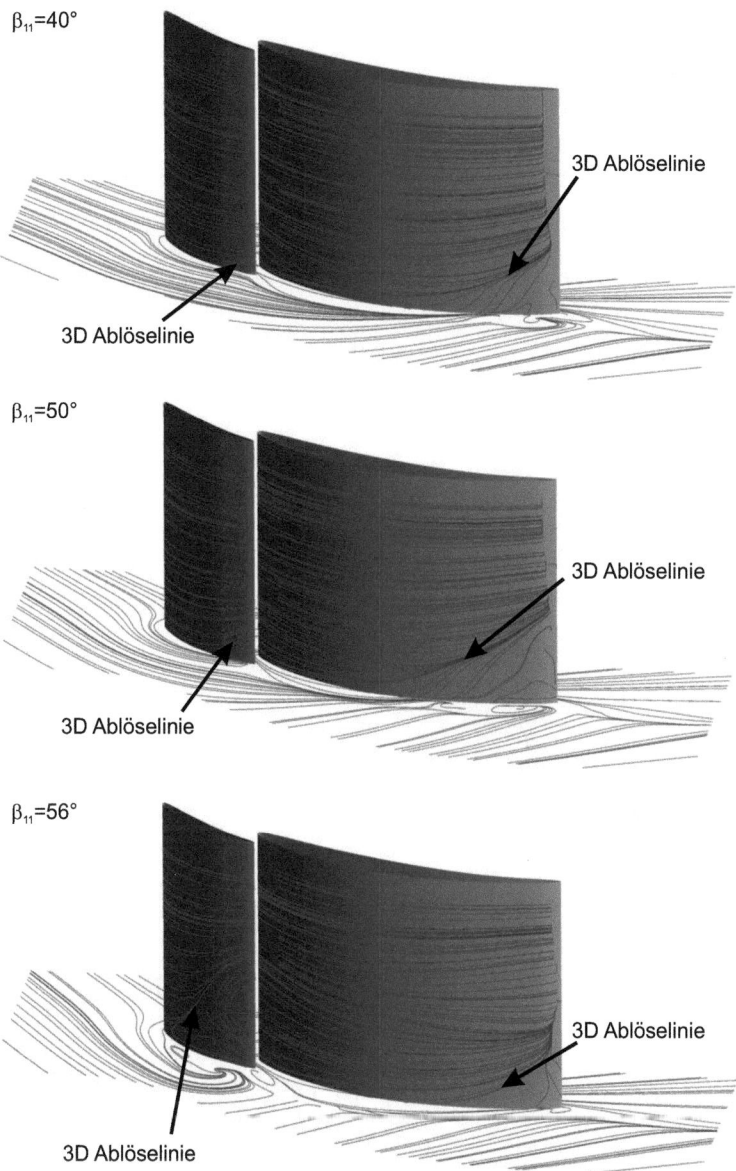

Abbildung 5.16: Wandstromlinien auf der Saugseite von Cascade A

5.2. DREIDIMENSIONALES STRÖMUNGSVERHALTEN DER GITTERSTRÖMUNGEN

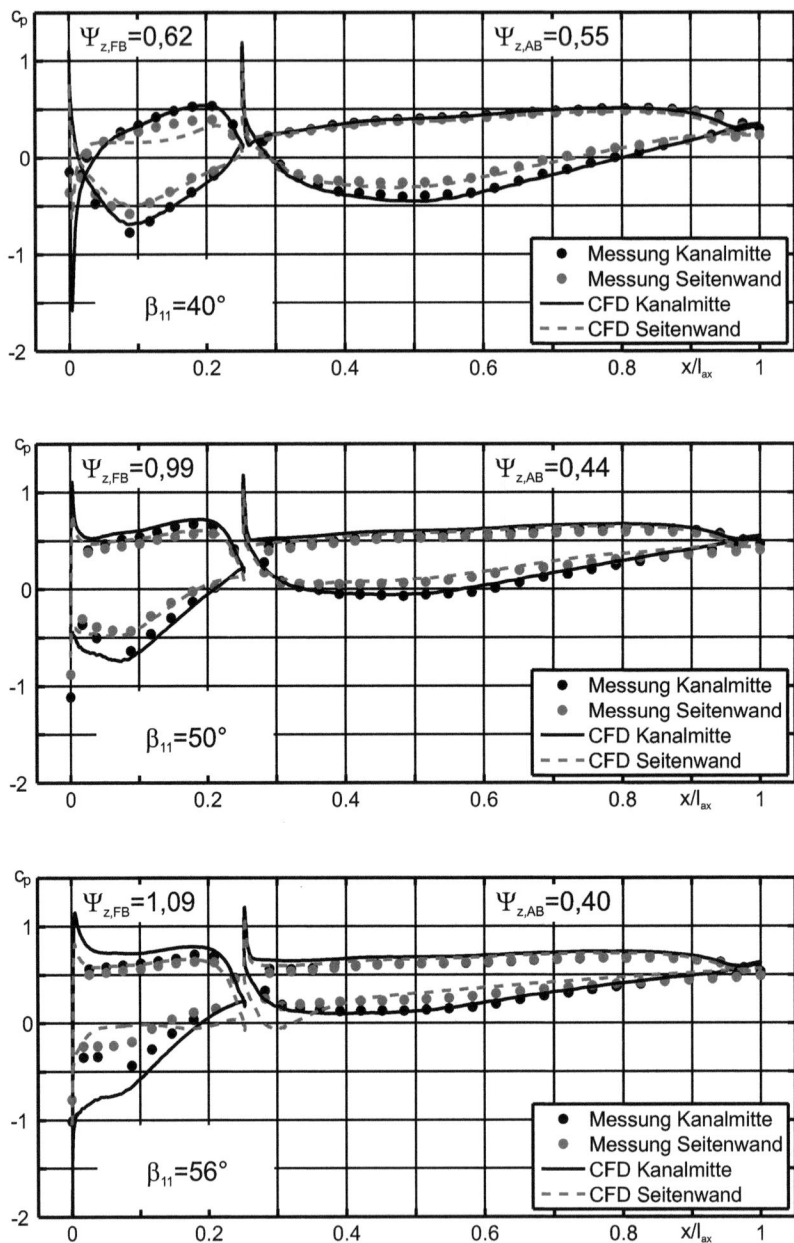

Abbildung 5.17: c_p-Verteilung von Cascade A

5.2.2.3 Cascade A1

Abbildungen 5.18 bis 5.20 zeigen die Strömungsstruktur an der Kanalseitenwand von Cascade A1 für die Anströmwinkel $\beta_{11} = 40°$, $\beta_{11} = 50°$ und $\beta_{11} = 56°$ als numerisches und experimentelles Ergebnis. Bei der Diskussion der Ergebnisse steht der Vergleich mit den Ergebnissen von Cascade A in Abbildungen 5.13 bis 5.15 im Vordergrund.

Die numerischen Ergebnisse von Cascade A1 stimmen, wie auch zuvor bei Cascade A, für Anströmwinkel zwischen $\beta_{11} = 40°$ und $\beta_{11} = 50°$ sehr gut mit den experimentellen Ergebnissen überein. Für größere Anströmwinkel weichen die Ergebnisse durch den von der CFD ab einem Anströmwinkel von $\beta_{11} = 52°$ einsetzenden Corner Stall stark voneinander ab. Die Einfärbung der Strömungsbereiche in Abbildungen 5.18 bis 5.20 entspricht der Einfärbung der Strömungsbereiche von Abbildungen 5.13 bis 5.15. Die Farben kennzeichnen die folgenden Strömungen:

- rot: Strömung, die sich beim Eintritt ins Strömungsgebiet bereits an der Seitenwand befindet

- dunkelblau: Strömung, die über den Staupunkt der vorderen Schaufelreihe an die Seitenwand und an der Seitenwand in Richtung Profilsaugseite strömt

- grün: Strömung, die sich von der Druckseite der vorderen Schaufel an die Seitenwand anlegt

- orange: Strömung, die über den Staupunkt der hinteren Schaufelreihe an die Seitenwand und an der Seitenwand in Richtung Profilsaugseite strömt und Strömung, die sich im Bereich der Schaufelhinterkante der hinteren Schaufelreihe von der Profilsaugseite an die Seitenwand anlegt

- hellblau: Strömung, die sich von der Druckseite der hinteren Schaufel an die Seitenwand anlegt

5.2. DREIDIMENSIONALES STRÖMUNGSVERHALTEN DER GITTERSTRÖMUNGEN

Beim Vergleich der Strukturbilder der Seitenwand von Cascade A und Cascade A1 fällt auf, dass die Strömung auf der Saugseite der vorderen Schaufelreihe nahezu identisch ist. Der Percent Pitch hat also nahezu keinen Einfluss auf das saugseitige Strömungsverhalten der vorderen Schaufelreihe. Auf der Druckseite stellt es sich etwas anders dar. Man erkennt bereits an den Strukturbildern deutlich, dass die Sekundärströmung in der vorderen Schaufelreihe stark durch die Position der hinteren Schaufelreihe beeinflusst wird. Die Sekundärströmung in der vorderen Schaufelreihe von Cascade A1 ist deutlich schwächer als bei Cascade A, was am Verlauf der grün eingefärbten Strömung deutlich erkennbar ist. Der Grund dafür lässt sich am Verlauf der c_p-Verteilung leicht nachvollziehen (siehe Abb. 5.22). Während die statische Druckverteilung auf der Profilsaugseite des vorderen Profils von Cascade A und Cascade A1 nahezu identisch ist, steigt der statische Druck auf der Druckseite bei Cascade A zur Hinterkante hin wesentlich stärker an als bei Cascade A1. Auch die Zweifel-Zahl der vorderen Schaufelreihe von Cascade A1 ist in allen Betriebspunkten um mehr als 10% kleiner als bei Cascade A. Die in Teilungsrichtung weisende Druckkraft, welche die Ursache für die Sekundärströmung ist, ist dementsprechend bei Cascade A größer als bei Cascade A1, was zu dem in den Strukturbildern dargestellten Verlauf der Wandstromlinien führt. Bei Cascade A strömt ein Großteil der grün eingefärbten Strömung durch die stärkere Sekundärströmung in der vorderen Schaufelreihe druckseitig an der Profilvorderkante der hinteren Schaufelreihe vorbei und trifft im hinteren Bereich der nächstgelegenen Schaufelsaugseite auf die Profiloberfläche auf. Bei Cascade A1 strömt die grün eingefärbte Strömung wegen der schwächeren Sekundärströmung in der vorderen Schaufelreihe saugseitig an der Vorderkante der hinteren Schaufel vorbei und trifft im vorderen Bereich der Schaufel auf die saugseitige Profiloberfläche. Die Strömungsstruktur auf der Saugseite der hinteren Schaufelreihe ist daher von der relativen Position der vorderen Schaufel geprägt, während die Strömungsstruktur auf der Saugseite der vorderen Schaufelreihe nicht von der relativen Position der hinteren Schaufel beeinflusst wird. Das Corner Stall Gebiet auf der Saugseite der hinteren Schaufel ist durch die schwächere Sekundärströmung in der vorderen Schaufelreihe bei Cascade A1 wesentlich kleiner als bei Cascade A. Dies ist für die Verlustentstehung nahe der Seitenwand erst einmal positiv zu bewerten. Es gibt allerdings auch Nachteile. Durch den größeren Spalt und die fehlende Beschleunigung der Spaltströmung fehlt der Strömung auf der Saugseite der hinteren Schaufel der Impuls, die von der Seitenwand auf die Profiloberfläche strömende Sekundärströmung in Richtung Schaufelhinterkante zu drücken. Die dreidimensionale Ablöselinie, die auf der Profilsaugseite von der Seitenwand kommend in Richtung Schaufelhinterkante führt, ist wesentlich stärker in Richtung Kanalmitte gerichtet als bei Cascade A (Vgl. Abbildung 5.16 und 5.21). Das bedeutet einerseits, dass verlustbehaftete Strömung weiter ins Kanalinnere transportiert wird und neue Verluste an der dreidimensionalen Ablöselinie auf der Profilsaugseite ebenfalls in größerem Abstand von der Seitenwand generiert werden. Dies kann leicht an den Konturplots in Kapitel 5.2.3 nachvollzogen werden.

Während die Sekundärströmung in der vorderen Schaufelreihe bei Cascade A1 schwächer ist als bei Cascade A, so ist sie in der hinteren Schaufelreihe stärker. Dies macht sich vor allem bei größeren Anströmwinkeln bemerkbar und ist auch wieder an der Zweifel-Zahl des hinteren Schaufelprofils erkennbar. Sie ist bei Cascade A1 gerade im Teillastbereich wesentlich höher als bei Cascade A. Man kann also sagen, dass durch einen kleineren Percent Pitch tendenziell die vordere Schaufelreihe entlastet und die hintere Schaufelreihe belastet wird. Durch die größere Zweifel-Zahl in der hinteren Schaufelreihe ist die hellblau eingefärbte Strömung in Abbildungen 5.18 bis 5.20 vor allem im Vorderkantenbereich der hinteren Schaufel stärker in Teilungsrichtung gerichtet als bei Cascade A. Die verlustbehaftete Strömung, die sich an der Hinterkante der vorderen Schaufel auf der Saugseite in Wandnähe angesammelt hat, wird von der Sekundärströmung an der Seitenwand

5.2. DREIDIMENSIONALES STRÖMUNGSVERHALTEN DER GITTERSTRÖMUNGEN

schneller in Richtung Saugseite der hinteren Schaufel transportiert, wodurch sich die Bereiche hoher Druckverlustbeiwerte in den Konturplots in Kapitel 5.2.3 im Nachlauf des hinteren Schaufelprofils befinden.

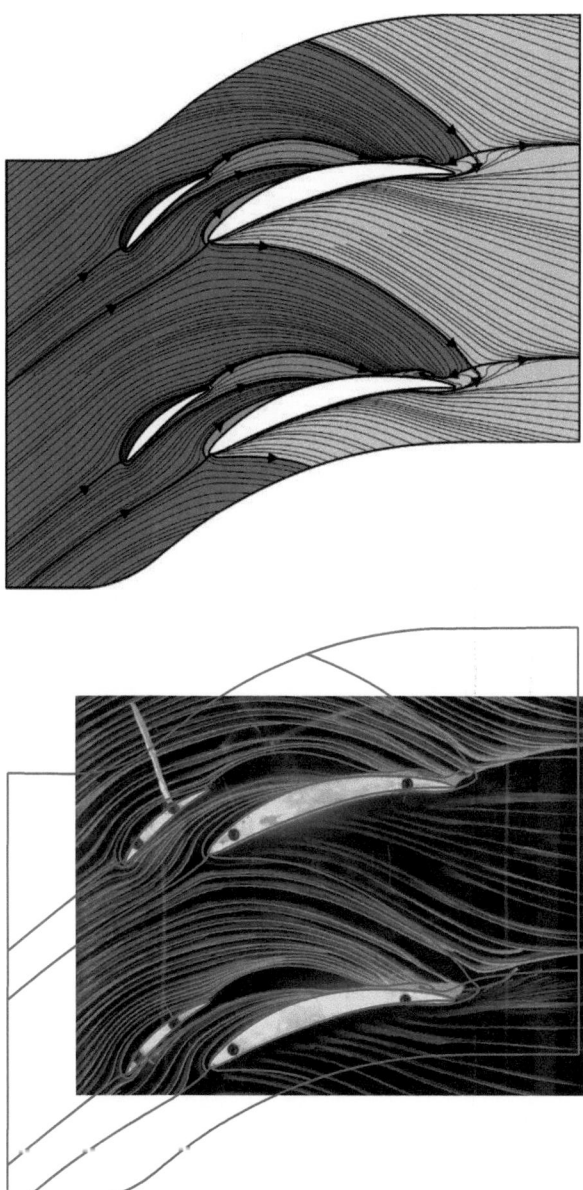

Abbildung 5.18: Numerisches und experimentelles Anstrichbild der Seitenwand von Cascade A1 bei einem Anströmwinkel von 40°

5.2. DREIDIMENSIONALES STRÖMUNGSVERHALTEN DER GITTERSTRÖMUNGEN

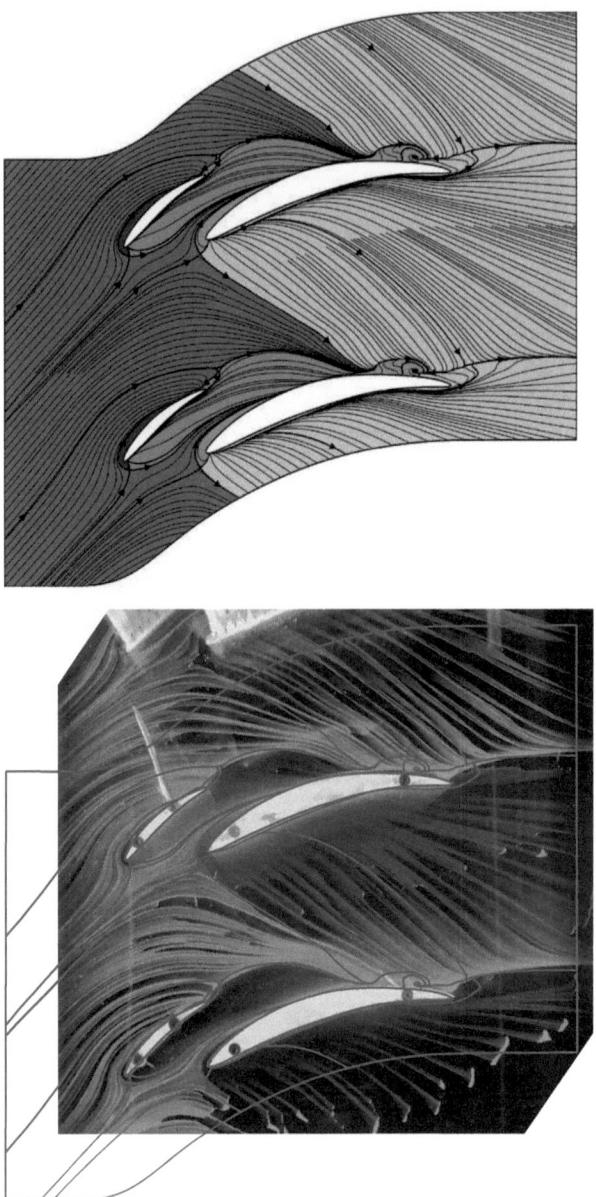

Abbildung 5.19: Numerisches und experimentelles Anstrichbild der Seitenwand von Cascade A1 bei einem Anströmwinkel von 50°

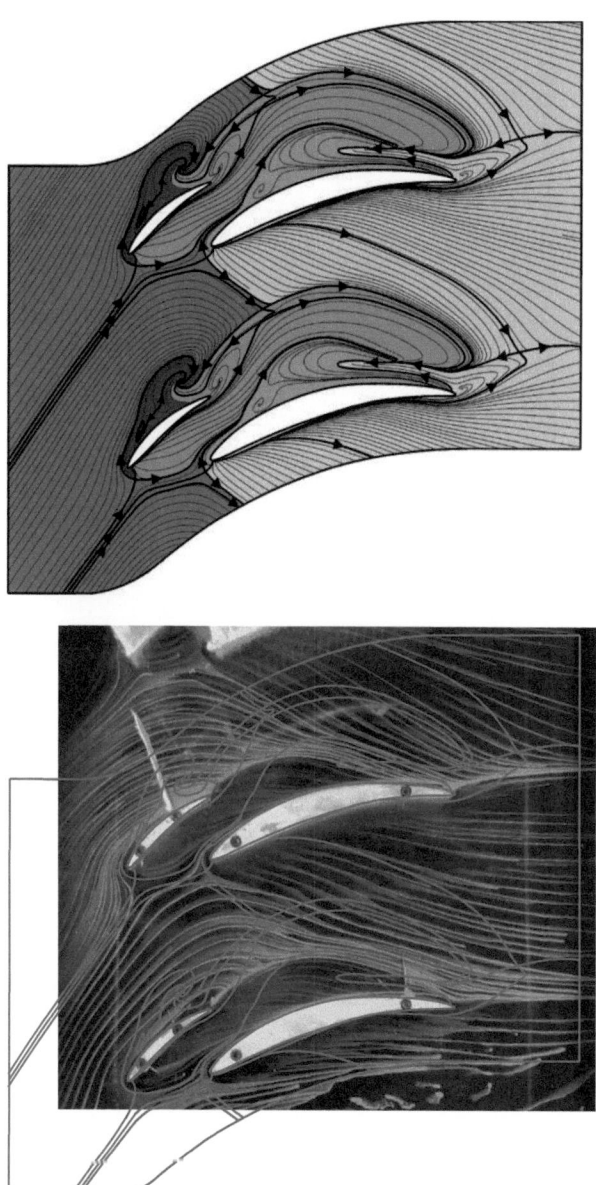

Abbildung 5.20: Numerisches und experimentelles Anstrichbild der Seitenwand von Cascade A1 bei einem Anströmwinkel von 56°

5.2. DREIDIMENSIONALES STRÖMUNGSVERHALTEN DER GITTERSTRÖMUNGEN

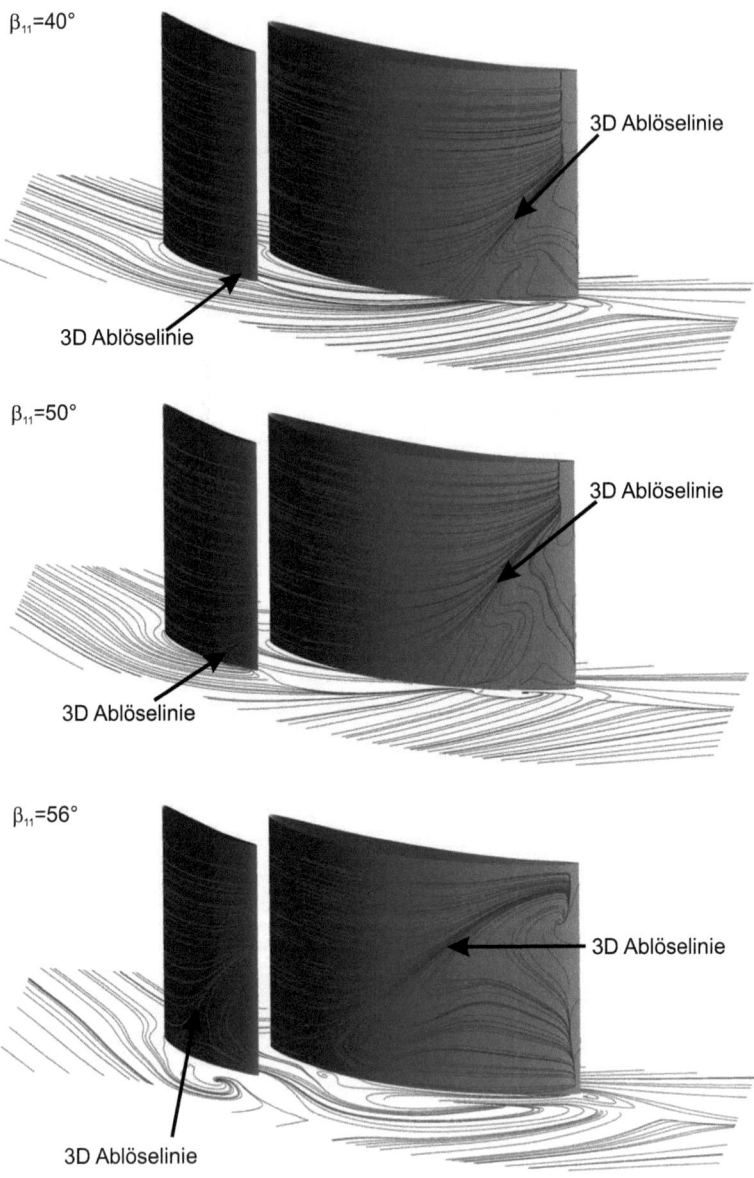

Abbildung 5.21: Wandstromlinien auf der Saugseite von Cascade A1

KAPITEL 5. ERGEBNISSE

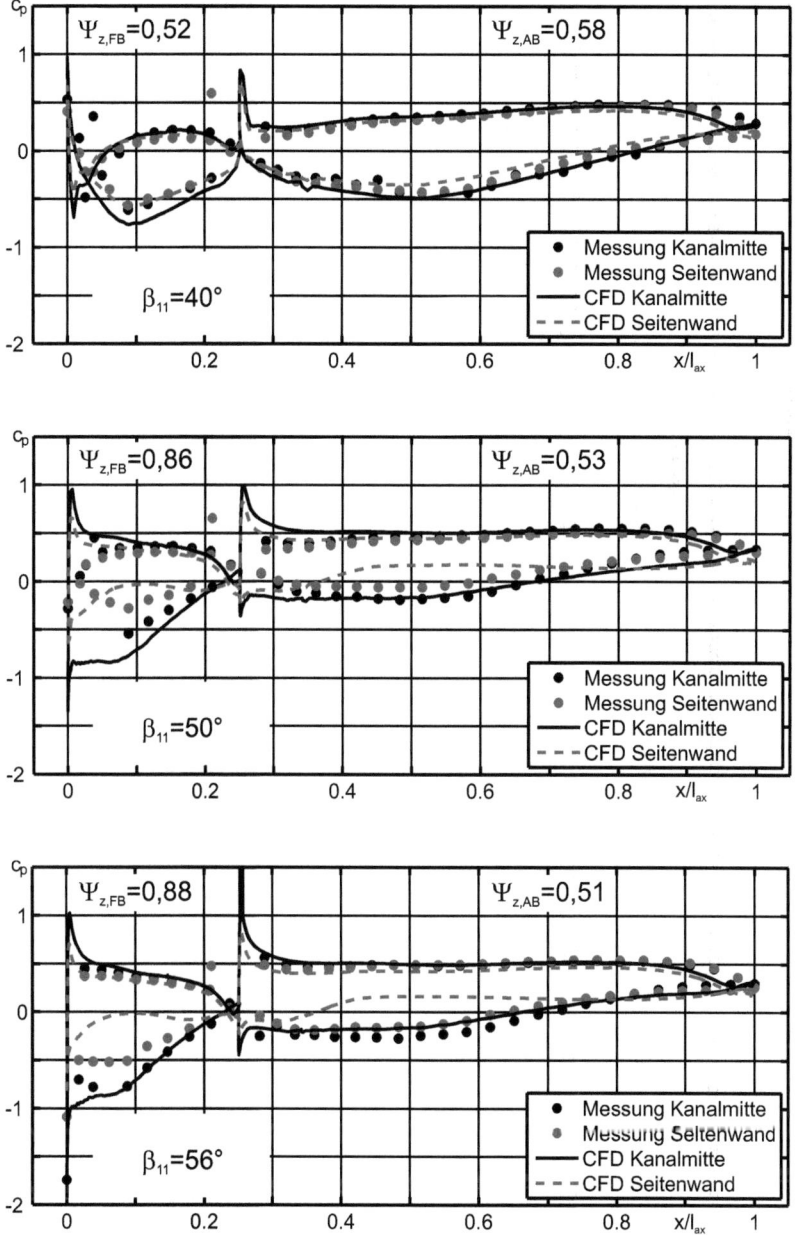

Abbildung 5.22: c_p-Verteilung von Cascade A1

5.2.2.4 Cascade B

Abbildungen 5.23 bis 5.25 zeigen die Strömungsstruktur von Cascade B für die Anströmwinkel $\beta_{11} = 40°$, $\beta_{11} = 50°$ und $\beta_{11} = 56°$ als numerisches und experimentelles Ergebnis. Für Anströmwinkel von $\beta_{11} = 40°$ bis $\beta_{11} = 50°$ stimmen die experimentellen Ergebnisse sehr gut mit den numerischen Ergebnissen überein, für größere Anströmwinkel sind die Wandstromlinien der numerischen Ergebnisse stärker gekrümmt als es im Experiment der Fall war. Die Farbgebung in den numerischen Ergebnissen ist für alle Tandemgitter gleich. Die folgenden Farben werden für die einzelnen Strömungen verwendet:

- rot: Strömung, die sich beim Eintritt ins Strömungsgebiet bereits an der Seitenwand befindet

- dunkelblau: Strömung, die über den Staupunkt der vorderen Schaufelreihe an die Seitenwand und an der Seitenwand in Richtung Profilsaugseite strömt

- grün: Strömung, die sich von der Druckseite der vorderen Schaufel an die Seitenwand anlegt

- orange: Strömung, die über den Staupunkt der hinteren Schaufelreihe an die Seitenwand und an der Seitenwand in Richtung Profilsaugseite strömt und Strömung, die sich im Bereich der Schaufelhinterkante der hinteren Schaufelreihe von der Profilsaugseite an die Seitenwand anlegt

- hellblau: Strömung, die sich von der Druckseite der hinteren Schaufel an die Seitenwand anlegt

Wir betrachten zunächst die Strömung auf der Saugseite der vorderen Schaufelreihe. Die dunkelblau eingefärbte Strömung wird durch eine dreidimensionale Ablöselinie von der rot eingefärbten Strömung getrennt. Der Auftreffpunkt dieser dreidimensionalen Ablöselinie auf der Profiloberfläche ist gleichzeitig Ausgangspunkt einer dreidimensionalen Ablöselinie, die sich auf der Profilsaugseite zur Hinterkante in Richtung Kanalmitte ausbreitet (Vgl. Abb. 5.26). Bei einem Anströmwinkel von $\beta_{11} = 40°$ reicht der Auftreffpunkt der dunkelblau eingefärbten Strömungsschicht nahezu bis zur Schaufelhinterkante und wandert für größere Anströmwinkel bis zum Auslegungspunkt in Richtung Schaufelvorderkante. Die dreidimensionale Ablöselinie auf der Profiloberfläche trennt die Primärströmung von der verlustbehafteten Sekundärströmung. Dadurch, dass der Ausgangspunkt der dreidimensionalen Ablöselinie zur Vorderkante hin wandert, vergrößert sich der Bereich auf der Profiloberfläche, in dem verlustbehaftete Strömung anliegt und die Primärströmung wird dadurch immer mehr eingeschnürt. Verglichen mit der dreidimensionalen Ablöselinie in der vorderen Schaufelreihe von Cascade A reicht die Ablöselinie von Cascade B durch das kleine Teilungsverhältnis in der vorderen Schaufelreihe wesentlich weiter in Richtung Kanalmitte. Die dadurch entstehenden Verlustgebiete sind noch im Nachlauf des Gitters anhand der Konturplots des Gesamtdruckverlustbeiwertes sichtbar und identifizierbar (Kapitel 5.2.3).

Bisher konnte noch keine Aussage über die Anwendbarkeit des Diffusionsparameters auf die vordere Schaufelreihe von Tandemgittern getroffen werden. Wie anhand von Abbildungen 5.24 und 5.26 erkennbar ist, tritt Corner Stall in der vorderen Schaufelreihe von Cascade B auf, auch wenn die Rückströmung auf der Seitenwand nur sehr kleine Ausmaße annimmt. Im experimentellen Anstrichbild ist der Corner Stall Bereich in der vorderen Schaufelreihe durch die Farbansammlung nahe der Hinterkante etwas größer als im numerischen Anstrichbild und dadurch auch besser zu erkennen. Ein Blick auf die Auslegungskriterien von Cascade B gemäß Abbildung 2.2 zeigt, dass Corner Stall anhand des Diffusionsparameters für das vordere Schaufelprofil von Cascade B nicht auftreten sollte. Die numeri-

5.2. DREIDIMENSIONALES STRÖMUNGSVERHALTEN DER GITTERSTRÖMUNGEN

schen und experimentellen Anstrichbilder zeigen jedoch die Existenz von Corner Stall in der vorderen und hinteren Schaufelreihe sowohl für Cascade A als auch für Cascade B. Dies zeigt, dass der Diffusionsparameter nach Lei nicht als Indikator für das Auftreten von Corner Stall in Tandemgittern geeignet ist.

Auf der Druckseite der vorderen Schaufelreihe ist anhand der grün eingefärbten Strömung deutlich erkennbar, dass die Sekundärströmung in der vorderen Schaufelreihe im Gegensatz zu Cascade A wesentlich langsamer aktiviert wird. Als treibende Kraft für die Sekundärströmung steht die Druckdifferenz zwischen Druck- und Saugseite der Profile. Die c_p-Verteilung (Vgl. Abbildungen 5.17 und 5.27) macht deutlich, dass die Druckdifferenz gerade im Bereich der Schaufelvorderkante bei Cascade B nicht so stark ausgeprägt ist wie bei Cascade A. Auch die Zweifel-Zahl der vorderen Schaufelreihe ist wesentlich kleiner. Die Überkrümmung der Stromlinien wird daduch kleiner. Durch das kleinere Teilungsverhältnis der vorderen Schaufelreihe von Cascade B steigt der Sekundärströmungsanteil bis zur Schaufelhinterkante jedoch an und ist beim Eintritt in die hintere Schaufelreihe etwa genauso stark ausgeprägt wie bei Cascade A. Das Einsetzen des „Crossflows" wird allerdings durch den kleineren Druckgradienten in der vorderen Schaufelreihe zur Schaufelhinterkante hin verschoben. Beim Eintritt in die hintere Schaufelreihe wird die mit Sekundärströmung der vorderen Schaufelreihe beaufschlagte Strömung von der Sekundärströmung der hinteren Schaufelreihe überlagert. Innerhalb der hinteren Schaufelreihe wird das Strömungsgebiet, das aus dem Übergang zwischen Seitenwand und Profilsaugseite der vorderen Schaufelreihe hervorgeht und an der Schaufelhinterkante der vorderen Schaufelreihe durch entgegengesetzte Geschwindigkeitskomponenten gekennzeichnet ist, entlang der dreidimensionalen Ablöselinie von der Schaufelhinterkante des vorderen Schaufelprofils auf die Saugseite des hinteren Schaufelprofils transportiert. Sie trifft aufgrund des großen Teilungsverhältnisses erst nahe der Hinterkante auf die Profiloberfläche auf, wodurch der Corner Stall Bereich in der hinteren Schaufelreihe kleiner ist als bei Cascade A. Dadurch werden auf der Profiloberfläche des hinteren Schaufelprofils wesentlich weniger Druckverluste erzeugt als es bei Cascade A der Fall ist. Die Zweifel-Zahl in der hinteren Schaufelreihe ist etwas größer als bei Cascade A, wodurch die Sekundärströmung etwas verstärkt wird. Durch das große Teilungsverhältnis der hinteren Schaufelreihe kann die Sekundärströmung allerdings nur wenig Einfluss auf das Geschwindigkeitsprofil ausüben, das aus der vorderen Schaufelreihe hervorgeht. Die Sekundärströmung in Cascade B ist dadurch insgesamt betrachtet moderater als in Cascade A.

Auch auf der Saugseite des hinteren Schaufelprofils beeinflusst die Sekundärströmung die Primärströmung nur wenig (siehe Abb. 5.26). Allerdings ist dies nicht allein auf den kleineren Corner Stall Bereich in der hinteren Schaufelreihe zurückzuführen, sondern auch auf die beschleunigende Wirkung des Spalts zwischen vorderer und hinterer Schaufelreihe bei großem Percent Pitch. Die Vorteile einer im Spalt ausreichend beschleunigten Strömung wurden bereits bei der Diskussion der Strömungsstruktur von Cascade A und Cascade A1 hervorgehoben.

Die Ergebnisse von Cascade B zeigen erneut, dass der von Lei eingeführte Diffusionsparameter D nicht als Kriterium für das Auftreten von Corner Stall in der hinteren Schaufelreihe eines Tandemgitters angewendet werden kann, da Corner Stall durch die überlagerten Sekundärströmungen aus vorderer und hinterer Schaufelreihe hervorgerufen wird.

Der hohe Percent Pitch hat positiven Einfluss auf die Sekundärströmung, die in der hinteren Schaufelreihe von der Seitenwand auf die Saugseite der Profile strömt. Durch ein kleineres Teilungsverhältnis in der vorderen Schaufelreihe verringert sich die Zweifel-Zahl der vorderen Schaufel und die Sekundärströmung wird

5.2. DREIDIMENSIONALES STRÖMUNGSVERHALTEN DER GITTERSTRÖMUNGEN

schwächer. Allerdings zeigt sich, dass die Zweifel-Zahl der vorderen Schaufel selbst dann noch größer ist als die der hinteren Schaufel, wenn die vordere Schaufelreihe ein kleineres Teilungsverhältnis hat als die hintere Schaufelreihe. Auch wenn die Druckunterschiede zwischen Druckseite und Saugseite innerhalb einer Schaufelreihe gleichmäßiger sind als bei Cascade A und Cascade A1, so bestehen dennoch Unterschiede in der mittleren Druckkraft (Zweifel-Zahl). Der Einfluss der Lastaufteilung auf die Verlustentstehung in Tandemgittern wurde zwar bereits numerisch von Schluer und Böhle [18] untersucht, allerding war das Teilungsverhältnis der vorderen und hinteren Schaufelreihe in den Untersuchungen gleich. Anhand der in dieser Arbeit erzielten Ergebnisse stellt sich allerdings die Frage, ob es im Hinblick auf die Verlustentstehung nicht vorteilhaft ist, wenn die Zweifel-Zahlen der vorderen und hinteren Schaufeln nahezu gleich sind.

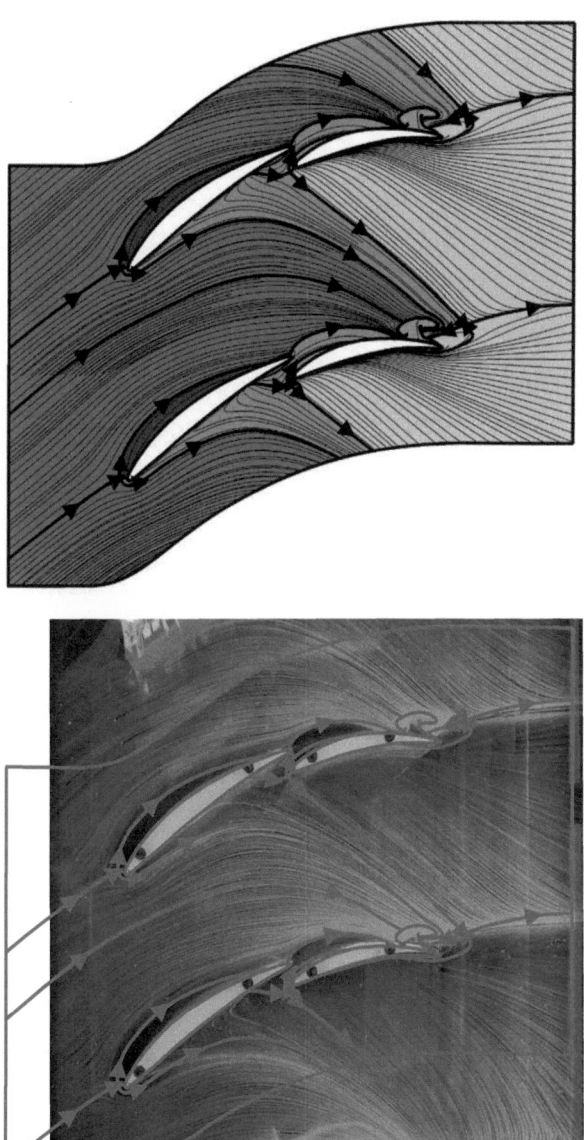

Abbildung 5.23: Numerisches und experimentelles Anstrichbild der Seitenwand von Cascade B bei einem Anströmwinkel von 40°

5.2. DREIDIMENSIONALES STRÖMUNGSVERHALTEN DER GITTERSTRÖMUNGEN

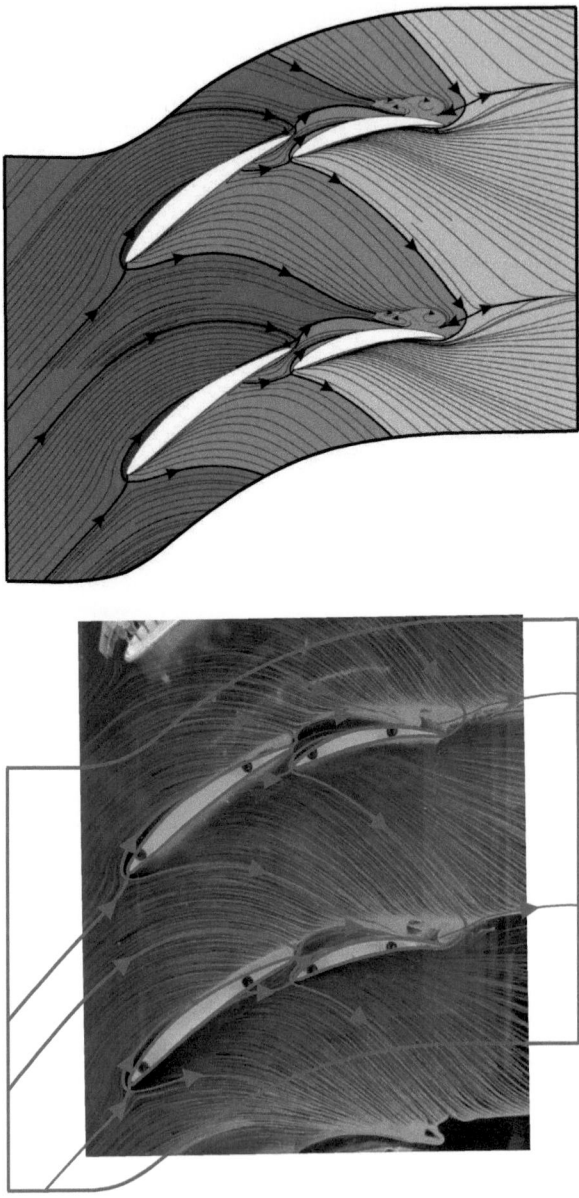

Abbildung 5.24: Numerisches und experimentelles Anstrichbild der Seitenwand von Cascade B bei einem Anströmwinkel von 50°

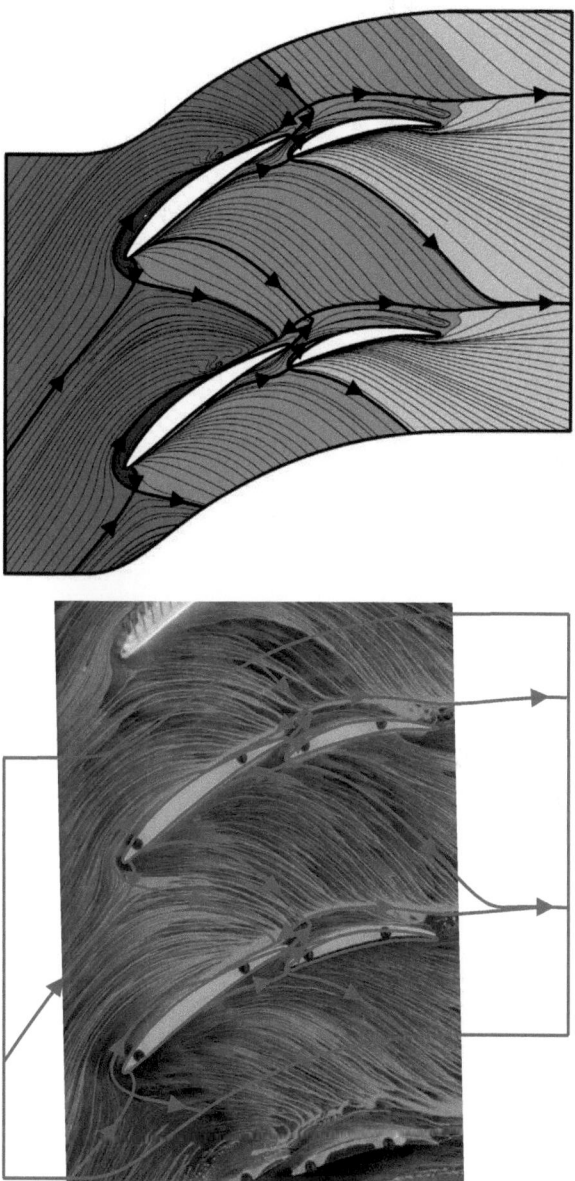

Abbildung 5.25: Numerisches und experimentelles Anstrichbild der Seitenwand von Cascade B bei einem Anströmwinkel von 56°

5.2. DREIDIMENSIONALES STRÖMUNGSVERHALTEN DER GITTERSTRÖMUNGEN

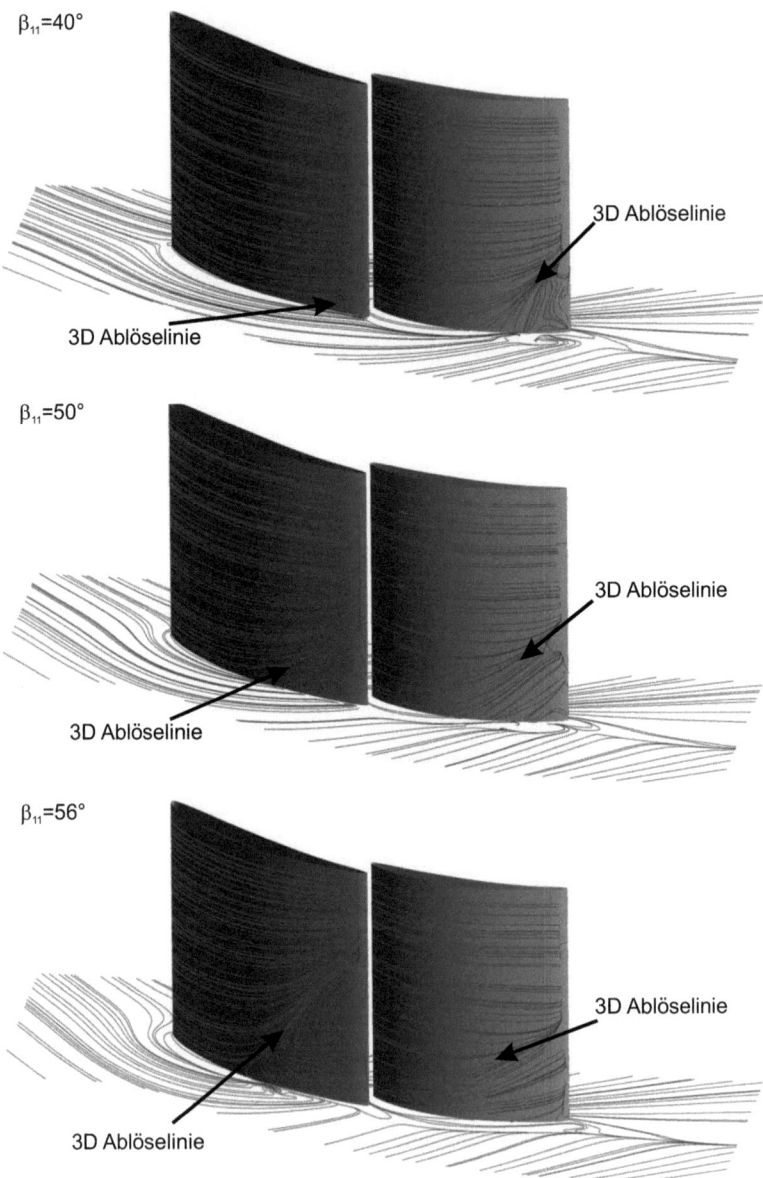

Abbildung 5.26: Wandstromlinien auf der Saugseite von Cascade B

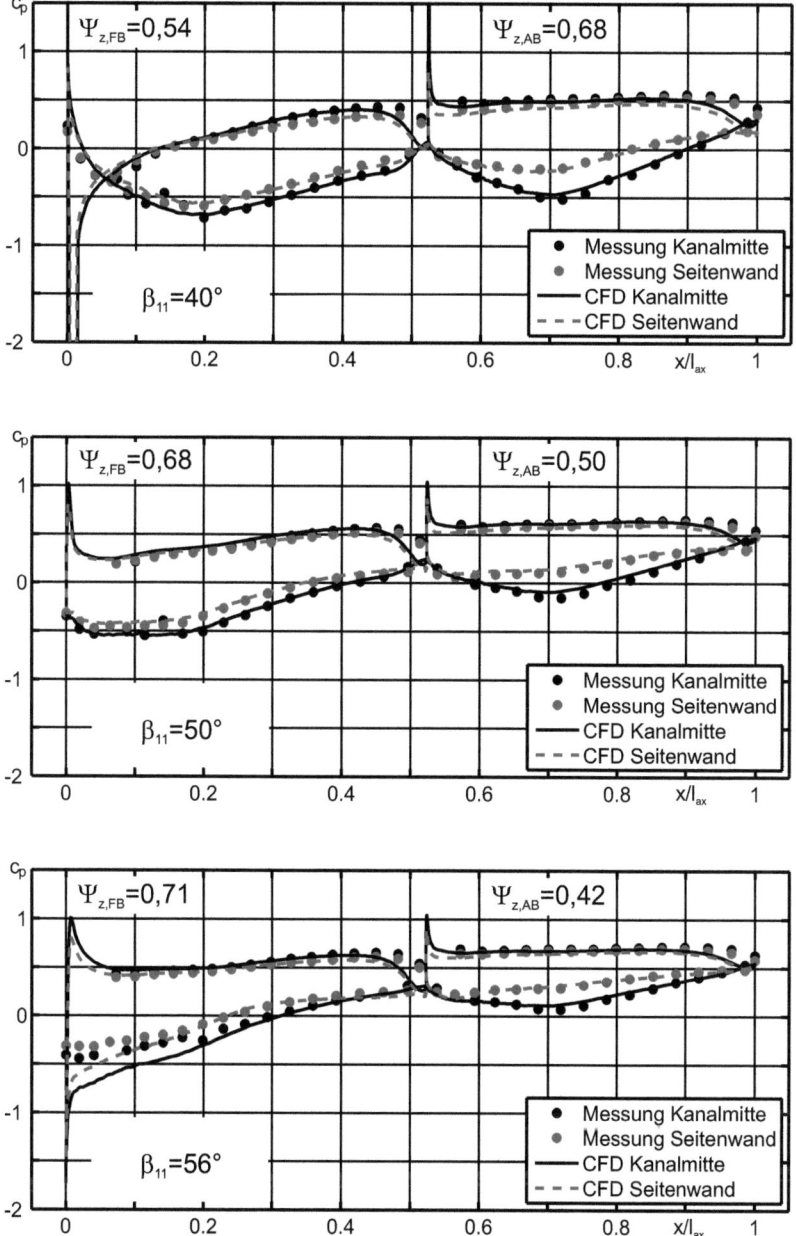

Abbildung 5.27: c_p-Verteilung von Cascade B

5.2.2.5 Cascade B1

Die Strömungsstruktur auf der Seitenwand von Cascade B1 ist für die Anströmwinkel $\beta_{11} = 40°$, $\beta_{11} = 50°$ und $\beta_{11} = 56°$ in Abbildungen 5.28 bis 5.30 dargestellt. Im oberen Teil der Abbildungen sind, wie bereits in den vorangegangenen Abschnitten, die numerischen Ergebnisse dargestellt und im unteren Teil werden die experimentellen Anstrichbilder den numerischen Ergebnissen gegenübergestellt. Die roten Linien in den experimentellen Anstrichbildern entsprechen den dicken schwarzen Linien im numerischen Ergebnis. Die Strömung im numerischen Anstrichbild ist entsprechend ihrer Herkunft eingefärbt. Es gilt wieder folgende Farbgebung:

- rot: Strömung, die sich beim Eintritt ins Strömungsgebiet bereits an der Seitenwand befindet

- dunkelblau: Strömung, die über den Staupunkt der vorderen Schaufelreihe an die Seitenwand und an der Seitenwand in Richtung Profilsaugseite strömt

- grün: Strömung, die sich von der Druckseite der vorderen Schaufel an die Seitenwand anlegt

- orange: Strömung, die über den Staupunkt der hinteren Schaufelreihe an die Seitenwand und an der Seitenwand in Richtung Profilsaugseite strömt und Strömung, die sich im Bereich der Schaufelhinterkante der hinteren Schaufelreihe von der Profilsaugseite an die Seitenwand anlegt

- hellblau: Strömung, die sich von der Druckseite der hinteren Schaufel an die Seitenwand anlegt

Wir betrachten zunächst wieder die Strömung auf der Saugseite der vorderen Schaufelreihe. Die Strömungsstruktur ist nahezu identisch mit der Strömungsstruktur von Cascade B. Dieses Phänomen konnte bereits beim Vergleich von

Cascade A mit Cascade A1 beobachtet werden. Die dreidimensionale Ablöselinie zwischen der dunkelblau eingefärbten Strömung und der rot eingefärbten Strömung trifft die Profiloberfläche des FB für kleine Anströmwinkel nahe der Profilhinterkante. Mit steigendem Anströmwinkel wird der Auftreffpunkt in Richtung Profilvorderkante verschoben, wodurch sich auch die dreidimensionale Ablöselinie auf der Profiloberfläche zur Vorderkante hin verschiebt (Vgl. Abb. 5.31). In der Ecke zwischen Profilsaugseite und Seitenwand bildet sich hinter der Ablöselinie eine Corner Stall Region aus. Die Ausprägung der Corner Stall Region beschränkt sich allerdings auf einen kleinen Bereich, der in den numerischen Strömungsstrukturbildern der Seitenwand nahezu nicht sichtbar ist aber in den experimentellen Anstrichbildern durch die Farbansammlung in diesem Bereich etwas deutlicher hervorgeht. Unterschiede in der Strömungsstruktur auf der Saugseite der vorderen Schaufelreihe ergeben sich erst für Anströmwinkel von $\beta_{11} > 50°$ in den numerischen Ergebnissen, die allerdings durch den abrupt anwachsenden Corner Stall nicht mehr mit der Realität übereinstimmen. Dass die Strömung auf der Saugseite der vorderen Schaufelreihe nahezu unbeeinflusst von der relativen Lage der hinteren Schaufelreihe ist, zeigt auch der Vergleich der numerisch und experimentell ermittelten Druckverteilung auf der Profiloberfläche (Vgl. Abbildungen 5.27 und 5.32). Der Verlauf der saugseitigen c_p-Verteilung in der vorderen Schaufelreihe von Cascade B und Cascade B1 ist nahezu identisch. Leichte Unterschiede ergeben sich auf der Druckseite. Der statische Druck bei Cascade B1 fällt im Bereich der Schaufelhinterkante mehr ab als bei Cascade B, wodurch die Zweifel-Zahl der vorderen Schaufel kleiner und damit auch die Sekundärströmung in der vorderen Schaufelreihe schwächer ist. Die von der Druckseite der vorderen Schaufelreihe kommende Sekundärströmung (grün eingefärbte Strömung) wird allerdings zusätzlich von der hinteren Schaufelreihe beeinflusst, da bei kleinerem Percent Pitch die Kraftwirkung durch den Druckgradienten zwischen Druckseite der vorderen Schaufelreihe und Saugseite der hinteren Schaufelreihe effektiver wird. Ähnlich

5.2. DREIDIMENSIONALES STRÖMUNGSVERHALTEN DER GITTERSTRÖMUNGEN

wie bei Cascade A1 kommt es dadurch zu einer Abschwächung der Sekundärströmung in der vorderen Schaufelreihe, wodurch die grün eingefärbte Strömung die Vorderkante des hinteren Schaufelprofils nicht mehr druckseitig passiert. Wie bereits bei der Beschreibung der Strömungsstruktur von Cascade A1 erwähnt wurde, wird der Corner Stall in der hinteren Schaufelreihe von der in der vorderen Schaufelreihe entstandenen Sekundärströmung hervorgerufen. Die an der Profilhinterkante des vorderen Schaufelprofils befindliche Strömung ist aufgrund der Sekundärströmung entgegen gerichtet und wird an der Seitenwand entlang der dreidimensionalen Ablöselinie, die den Sattelpunkt nahe der Profilhinterkante des vorderen Schaufelprofils mit der Saugseite des hinteren Schaufelprofils verbindet, auf die Saugseite der hinteren Schaufelreihe transportiert. Die Krümmung der dreidimensionalen Ablöselinie setzt in der CFD etwas früher ein als im Experiment. Dies ist darin begründet, dass die treibende Kraft der Sekundärströmung in der numerischen Simulation und im Experiment unterschiedlich ist, was auch die erheblichen Verwirbelungen für Anströmwinkel ab $\beta_{11} = 52°$ erklären könnte. Der Auftreffpunkt der dreidimensionalen Ablöselinie auf der Profiloberfläche ist dennoch nahezu identisch. Die Stärke der Sekundärströmung in der vorderen Schaufelreihe und der Auftreffpunkt der Ablöselinie bestimmen die Corner Stall Region in der hinteren Schaufelreihe. Wie man an den numerischen und experimentellen Ergebnissen in Abbildungen 5.28 bis 5.30 erkennen kann ist die Corner Stall Region in der hinteren Schaufelreihe von Cascade B1 wesentlich kleiner als bei Cascade B (Vgl. Abb. 5.23 bis 5.25) und im Experiment noch etwas kleiner als im CFD-Ergebnis, obwohl die Zweifel-Zahl der hinteren Schaufel von Cascade B1 größer ist als die von Cascade B. Man erkennt auch deutlich anhand der Strukturbilder der Seitenwand, dass die in der hinteren Schaufelreihe hervorgerufene Sekundärströmung in Cascade B1 stärker ist als in Cascade B. Trotzdem wirkt sich der kleinere Percent Pitch positiv auf die Corner Stall Region in der hinteren Schaufelreihe aus, da die Stärke der Sekundärströmung in der vorderen Schaufelreihe reduziert wird. Die dreidimensionale Ablöselinie, die an der Seitenwand von der Hinterkante des vorderen Schaufelprofils ausgeht, trifft daher später auf die Profiloberfläche des hinteren Schaufelprofils auf. Die negativen Auswirkungen des kleineren Percent Pitch sieht man anhand der Sekundärströmung auf der Profilsaugseite des hinteren Schaufelprofils (Abbildung 5.31). Durch die fehlende Beschleunigung der Spaltströmung fehlt der Strömung auf der Saugseite des hinteren Schaufelprofils der Impuls, das von der Seitenwand auf die Profiloberfläche strömende Fluid in Richtung Hinterkante zu verdrängen. Die verlustreichen Gebiete werden dadurch bei kleinem Percent Pitch weiter in Richtung Kanalmitte transportiert.

Die Sekundärströmung, die sich schließlich in der hinteren Schaufelreihe von Cascade B1 einstellt, ist nahezu identisch mit der Sekundärströmung in der hinteren Schaufelreihe von Cascade B. Als Kriterium für diese Beurteilung wird der charakteristische Verlauf der hellblau eingefärbten Strömung sowie die Lage des Sattelpunktes nahe der Profilhinterkante des hinteren Schaufelprofils herangezogen.

5.2. DREIDIMENSIONALES STRÖMUNGSVERHALTEN DER GITTERSTRÖMUNGEN

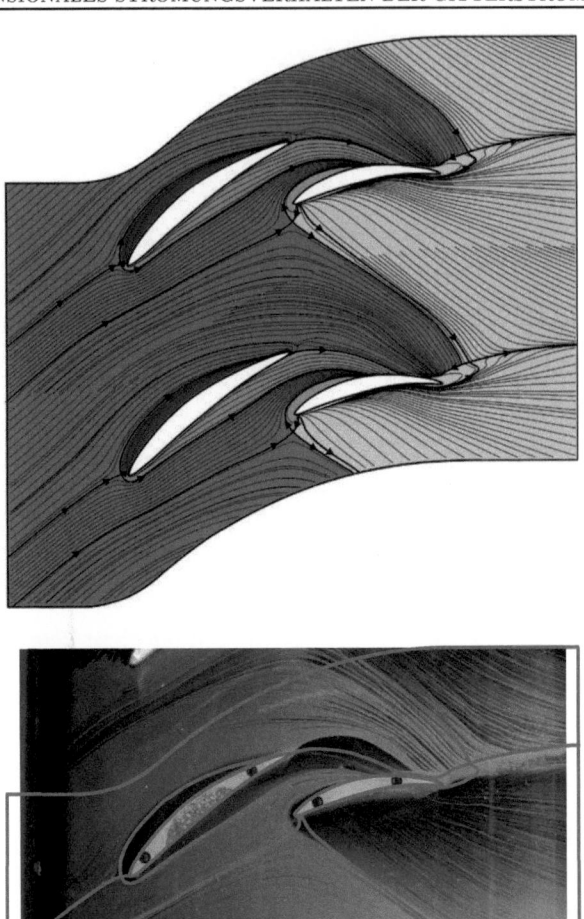

Abbildung 5.28: Numerisches und experimentelles Anstrichbild der Seitenwand von Cascade B1 bei einem Anströmwinkel von 40°

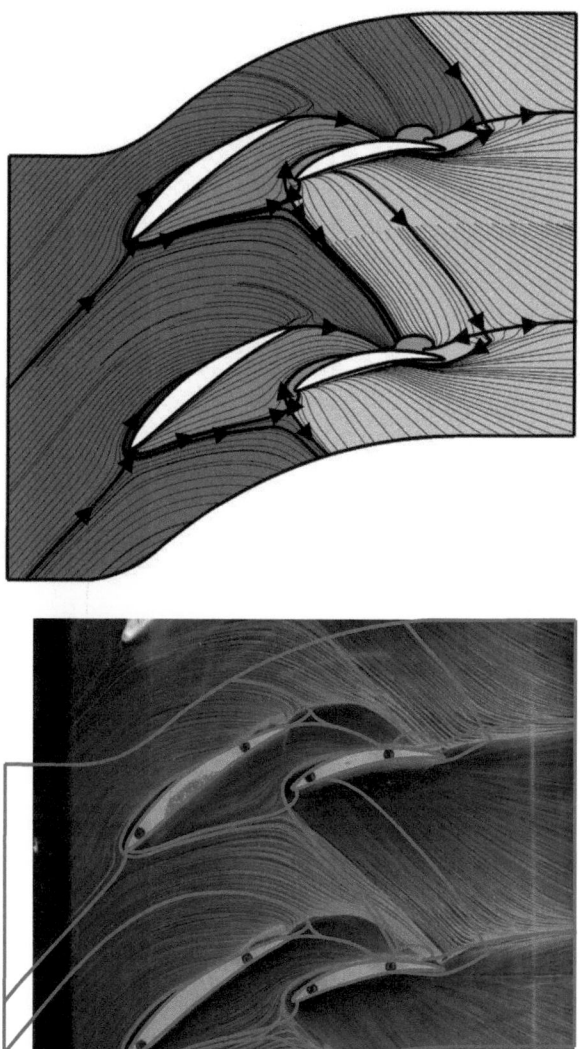

Abbildung 5.29: Numerisches und experimentelles Anstrichbild der Seitenwand von Cascade B1 bei einem Anströmwinkel von 50°

5.2. DREIDIMENSIONALES STRÖMUNGSVERHALTEN DER GITTERSTRÖMUNGEN

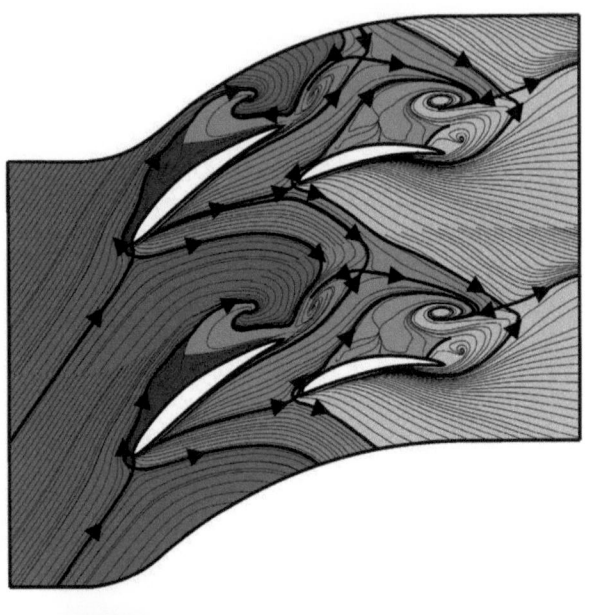

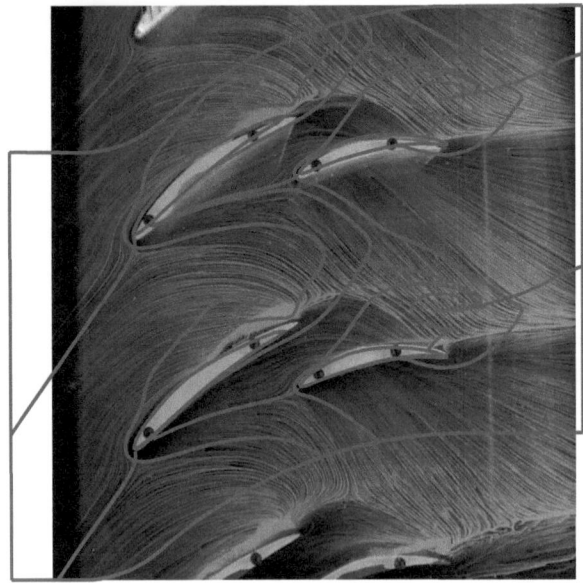

Abbildung 5.30: Numerisches und experimentelles Anstrichbild der Seitenwand von Cascade B1 bei einem Anströmwinkel von 56°

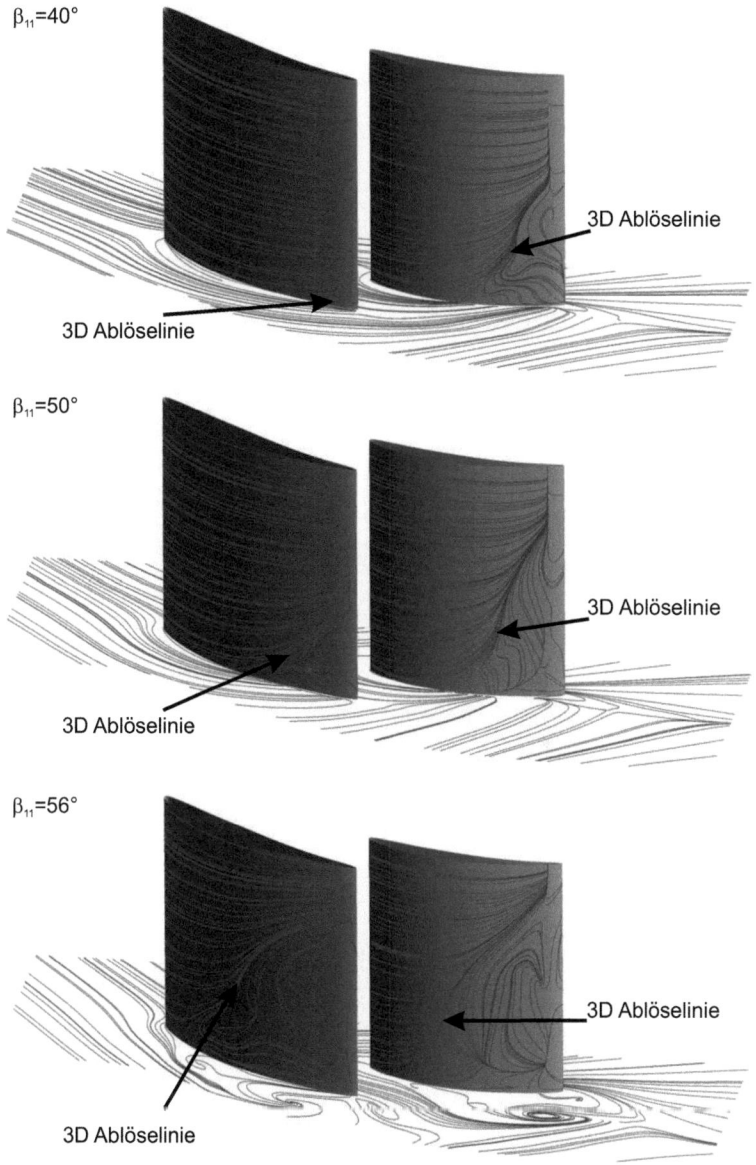

Abbildung 5.31: Wandstromlinien auf der Saugseite von Cascade B1

5.2. DREIDIMENSIONALES STRÖMUNGSVERHALTEN DER GITTERSTRÖMUNGEN

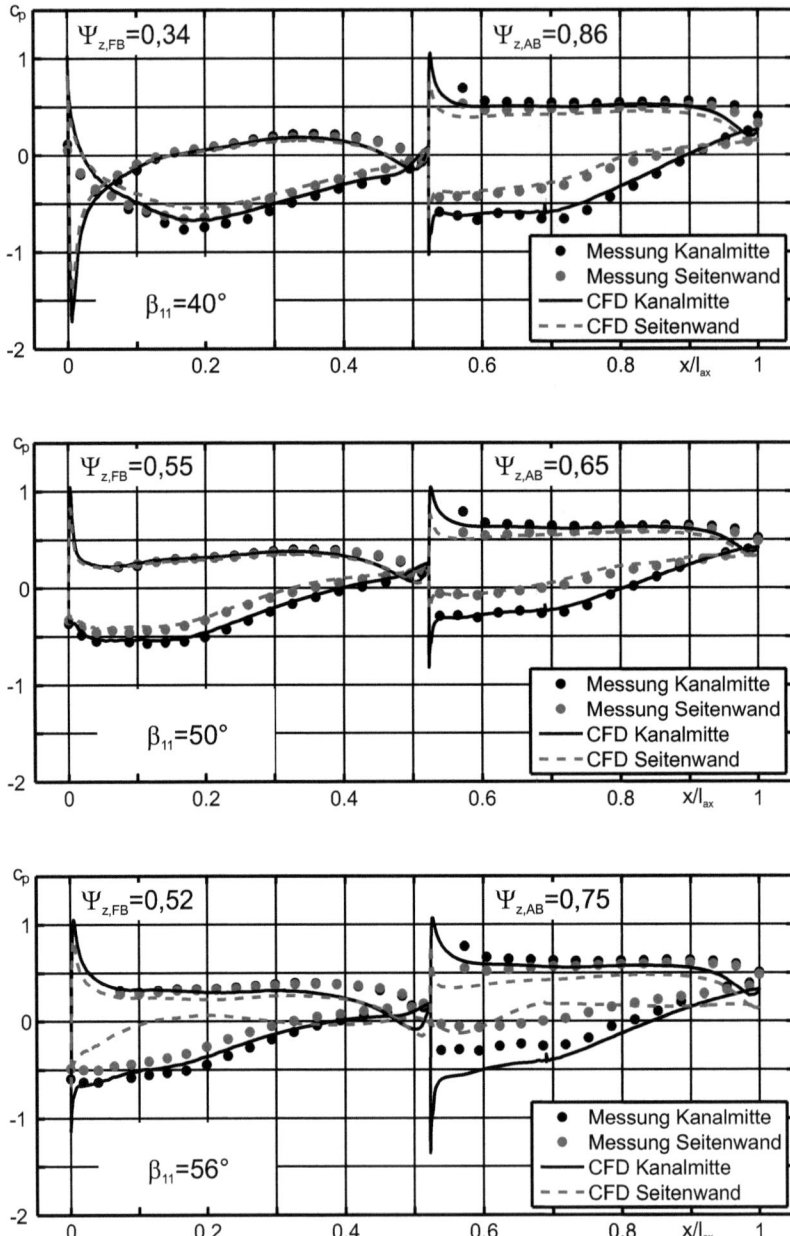

Abbildung 5.32: c_p-Verteilung von Cascade B1

5.2.2.6 Zusammenfassende Beurteilung der Strömungsstruktur

In diesem Kapitel wurde die Strömungsstruktur auf der Seitenwand und auf den Profiloberflächen innerhalb des Einzelgitters und 4 Tandemgittern diskutiert. Die Ergebnisse zeigen, dass die Strömungsstruktur von der CFD sehr gut wiedergegeben werden kann. Die numerisch berechnete Strömungsstruktur aller Gitter stimmt für Anströmwinkel von $\beta_{11} = 40°$ bis $\beta_{11} = 50°$ sehr gut mit der experimentell ermittelten Strömungsstruktur überein. Ab einem Anströmwinkel von $\beta_{11} = 52°$ ist die von der CFD berechnete Überkrümmung der Wandstromlinien stärker als im Experiment ermittelt, wodurch speziell bei Tandemgittern die Corner Stall Regionen abrupt stark anwachsen. Eine mögliche Ursache könnte ein geändertes Strömungsprofil am Einströmrand sein, das für alle Anströmwinkel gleich angenommen wurde. Der erhöhte Gitterwiderstand sowie die stärkere Sekundärströmung bei größeren Anströmwinkeln könnten das Strömungsprofil am Einströmrand verändert haben. Eine Vermessung der Zuströmbedingungen bei eingebautem Gitter zur Justierung der Randbedingung war jedoch nicht möglich.

Der von Lei eingeführte Diffusionsparameter ist mit den für Einzelgitter ermittelten kritischen Werten von $0,4 \pm 0,05$ als Kriterium für das Auftreten von Corner Stall in Tandemgittern weder für die vordere Schaufelreihe noch für die hintere Schaufelreihe anwendbar. Es bedarf für die Anwendung des Diffusionsparameters auf Tandemgitter einer genaueren Definition des Begriffs Corner Stall bzw. einer eventuellen Abgrenzung von Corner Stall und Corner Separation sowie einer Anpassung der kritischen Werte für das Auftreten von Corner Stall. Bei allen untersuchten Tandemgitterkonfigurationen ist in der vorderen Schaufelreihe eine kleine Corner Stall Region vorhanden. In der hinteren Schaufelreihe ist ebenfalls eine Corner Stall Region vorhanden, deren Größe von der Stärke der Sekundärströmung in der vorderen Schaufelreihe, dem Teilungsverhältnis der hin-

5.2. DREIDIMENSIONALES STRÖMUNGSVERHALTEN DER GITTERSTRÖMUNGEN

teren Schaufelreihe und dem Percent Pitch des Gitters abhängt. Tendenziell ist die Größe des Corner Stalls in der hinteren Schaufelreihe bei großen Teilungsverhältnissen der hinteren Schaufelreihe kleiner. Der Percent Pitch beeinflusst die Stärke der Sekundärströmung in der vorderen Schaufelreihe. Tandemgitter mit kleinerem Percent Pitch schwächen die Sekundärströmung der vorderen Schaufelreihe ab, wodurch das in die hintere Schaufelreihe eintretende Strömungsprofil an der Seitenwand gleichmäßiger ist und beim Auftreffen auf die Profilsaugseite kleinere Corner Stall Regionen verursacht. Ein kleinerer Percent Pitch hat jedoch den Nachteil, dass die Primärströmung auf der Saugseite der hinteren Schaufelreihe nicht genügend Impuls besitzt, die von der Seitenwand auf die Saugseite der Schaufel strömende verlustbehaftete Sekundärströmung in Richtung Schaufelhinterkante zu verdrängen. Dadurch wird die verlustbehaftete Strömung weit in Richtung Kanalmitte transportiert und die Primärströmung zusätzlich verblockt. Ein großes Teilungsverhältnis in der hinteren Schaufelreihe verhindert wiederum eine zu starke Ausbreitung in Richtung Kanalmitte.

Die Stärke der Sekundärströmung in einer Schaufelreihe hängt hauptsächlich von der Druckdifferenz zwischen Druck- und Saugseite der Schaufelprofile ab. Sie wird durch die c_p-Verteilung und die Zweifel-Zahl gut wiedergegeben. Die experimentell ermittelte c_p-Verteilung ist in guter Übereinstimmung mit den aus CFD-Simulationen ermittelten c_p-Verteilungen. Abweichungen zwischen gemessener und theoretisch bestimmter c_p-Verteilung stehen in Verbindung mit Abweichungen im Verlauf der Wandstromlinien. Die größte Druckdifferenz ergab sich in der vorderen Schaufelreihe von Cascade A. Die dadurch entstehende Sekundärströmung verursacht auch die größte Corner Stall Region in der hinteren Schaufelreihe. Den geometrisch ermittelten geringsten Sekundärströmungsanteil weist Cascade B1 auf, da im Strömungsstrukturbild der Seitenwand die rot eingefärbte Strömung die größte Fläche einnimmt.

5.2.3 Vergleich der Strömungsgrößen im Nachlauf der Gitter

Die in Kapitel 5.2 beschriebenen Sekundärströmungseffekte bestimmen das Strömungsprofil im Nachlauf der Gitter. In diesem Kapitel werden die im Nachlauf der untersuchten Gitter vorliegenden Strömungsprofile diskutiert.

Am Einströmrand der untersuchten Gitter liegt ein vorgegebenes Strömungsprofil gemäß Abbildung 3.2 vor. Es ist in Wandnähe durch eine kleiner werdende Geschwindigkeit gekennzeichnet. Da der statische Druck der Strömung über diesen Bereich konstant bleibt, nimmt der Gesamtdruck der Strömung zur Wand hin ab. Der Gesamtdruckverlustbeiwert ζ wird aber auf die Größen der voll ausgebildeten Strömung in der Mitte zwischen den Seitenwänden bezogen. Dies ist notwendig, da diese Größen zum Vergleich der numerischen Ergebnisse mit experimentellen Ergebnissen während des Versuchs über eine Prandtlsonde gemessen werden müssen. In der Einströmebene steigt dadurch der lokale Gesamtdruckverlustbeiwert zur Wand hin an, wie es in Abbildungen 5.7 und 5.8 dargestellt ist. Beim Durchströmen der Gitter kommt es infolge der im Gitter aktivierten Sekundärströmung zu einer Durchmischung der Strömungsbereiche, wobei die wandnahen Strömungsschichten auf die Saugseite der Schaufeln transportiert werden und von der Druckseite der Schaufeln Fluid mit höherem Totaldruck an die Seitenwand nach strömt. Durch Reibung an der Seitenwand und Schubspannungen innerhalb der Strömung verringert sich kontinuierlich der Totaldruck entlang der Stromlinien und erhöht dadurch lokal den Wert des Gesamtdruckverlustbeiwertes ζ. Da sich in jedem Gitter die Sekundärströmung individuell entwickelt, entstehen einerseits unterschiedlich starke Verluste und andererseits bilden sich hinter dem Gitter ungleichmäßige Strömungsprofile mit Bereichen hoher und niedriger ζ-Werte. Diese sind in Abbildungen 5.33 bis 5.41 für Anströmwinkel von $\beta_{11} = 40°$, $\beta_{11} = 50°$ und $\beta_{11} = 56°$ für alle untersuchten Gitter dargestellt.

5.2. DREIDIMENSIONALES STRÖMUNGSVERHALTEN DER GITTERSTRÖMUNGEN

Beim Einzelgitter weichen die experimentell ermittelten Werte am stärksten von den numerischen Ergebnissen ab. Während die Strömungsstruktur an der Seitenwand sehr gut übereinstimmt und daher der Verlauf der Sekundärströmung zumindest an der Seitenwand korrekt berechnet wurde entstehen die Unterschiede der experimentellen und numerisch berechneten Strömungsprofile in der Messebene durch unterschiedliche Strömungsstrukturen auf der Profilsaugseite. Wie bereits in Kapitel 5.1 beschrieben wurde, zeigen die CFD-Simulationen ein kleines Rezirkulationsgebiet an der Hinterkante des Profils. Da die Strömung im Experiment gegen die Erdanziehunskraft ausströmt, muss im Experiment zusätzlich eine Höhendifferenz überwunden werden. Dadurch ist es möglich, dass das Rezirkulationsgebiet weiter zur Vorderkante verschoben wird und die Verluste in Kanalmitte dadurch enorm ansteigen. Die experimentellen Anstrichbilder haben aber auch gezeigt, dass die von der Seitenwand auf die Profilsaugseite strömende Sekundärströmung wesentlich stärker in Richtung Kanalmitte transportiert wird, als es die numerischen Anstrichbilder zeigen. Das numerisch ermittelte Strömungsprofil in der Messebene besitzt dadurch einen vollständig anderen Charakter als das experimentell ermittelte Strömungsprofil. Die lokalen ζ-Werte der CFD zeigen bei einem Anströmwinkel von 40° einen relativ breiten Bereich in der Kanalmitte, in dem nahezu zweidimensionale Strömungsverhältnisse vorzufinden sind und einen erhöhten Verlustbereich in Wandnähe. Durch die starke impulsreiche Primärströmung kann sich die verlustbehaftete Strömung nur schwer in Richtung Kanalmitte ausbreiten. Der Bereich mit hohen Druckverlusten wächst mit steigendem Anströmwinkel nierenförmig an, sodass selbst bei einem Anströmwinkel von $\beta_{11} = 56°$ in der Kanalmitte ein relativ großer Bereich mit geringen Druckverlusten vorliegt.

Im Experiment strömt die verlustbehaftete Sekundärströmung von der Seitenwand bereits auf der Profiloberfläche bis zur Kanalmitte, wodurch die Primärströmung vorzeitig ablöst. Die verlustbehafteten Strömungsbereiche, die von der Kanalseitenwand auf die Profilsaugseite strömen, verteilen sich dabei gleichmäßig über der Schaufelhöhe und es bildet sich anstelle einer nierenförmigen Verlustzone eine über der gesamten Schaufelhöhe verteilte breite Verlustzone aus. Die dreidimensionale Ablöselinie auf der Profilsaugseite wird dadurch zur zweidimensionalen Ablöselinie, an der sich die Primärströmung vollständig von der Profiloberfläche ablöst. Es entsteht über der gesamten Schaufelhöhe eine breite Verlustzone im Nachlauf der Schaufel wie sie in Abbildung 5.33 zu sehen ist.

Erwartungsgemäß ergeben sich auch bei der Massenmittelung über der Schaufelhöhe erhebliche Abweichungen zwischen CFD und Experiment wie anhand von Abbildung 5.34 erkennbar ist.

In den Tandemgittern breitet sich die Sekundärströmung auf der Saugseite der Schaufeln für Anströmwinkel zwischen $\beta_{11} = 40°$ bis $\beta_{11} = 50°$ etwa so aus, wie es in den numerischen Anstrichbildern in Abbildungen 5.12, 5.16, 5.21, 5.26 und 5.31 dargestellt ist. Bei größeren Anströmwinkeln ergeben sich in der CFD stärkere Sekundärströmungen als im Experiment beobachtet werden konnte und damit verbunden auch größere Gebiete mit hohen Druckverlusten im Nachlauf der Gitter.

Wir diskutieren nun zunächst die Verteilung des Gesamtdruckverlustbeiwertes im Nachlauf von Cascade A (Abbildung 5.35). Durch den geringen Abstand der Schaufeln in Teilungsrichtung gehen die Verlustzonen der einzelnen Schaufeln nahezu vollständig ineinander über. In der Messebene lassen sich dadurch nur noch sehr schwer Verluste, die in der vorderen Schaufelreihe entstanden sind, von Verlusten, die in der hinteren Schaufel entstanden sind, differenzieren. Es hilft hier, wenn man sich darüber bewusst ist, dass die Verlustzonen der vorderen Schaufel-

5.2. DREIDIMENSIONALES STRÖMUNGSVERHALTEN DER GITTERSTRÖMUNGEN

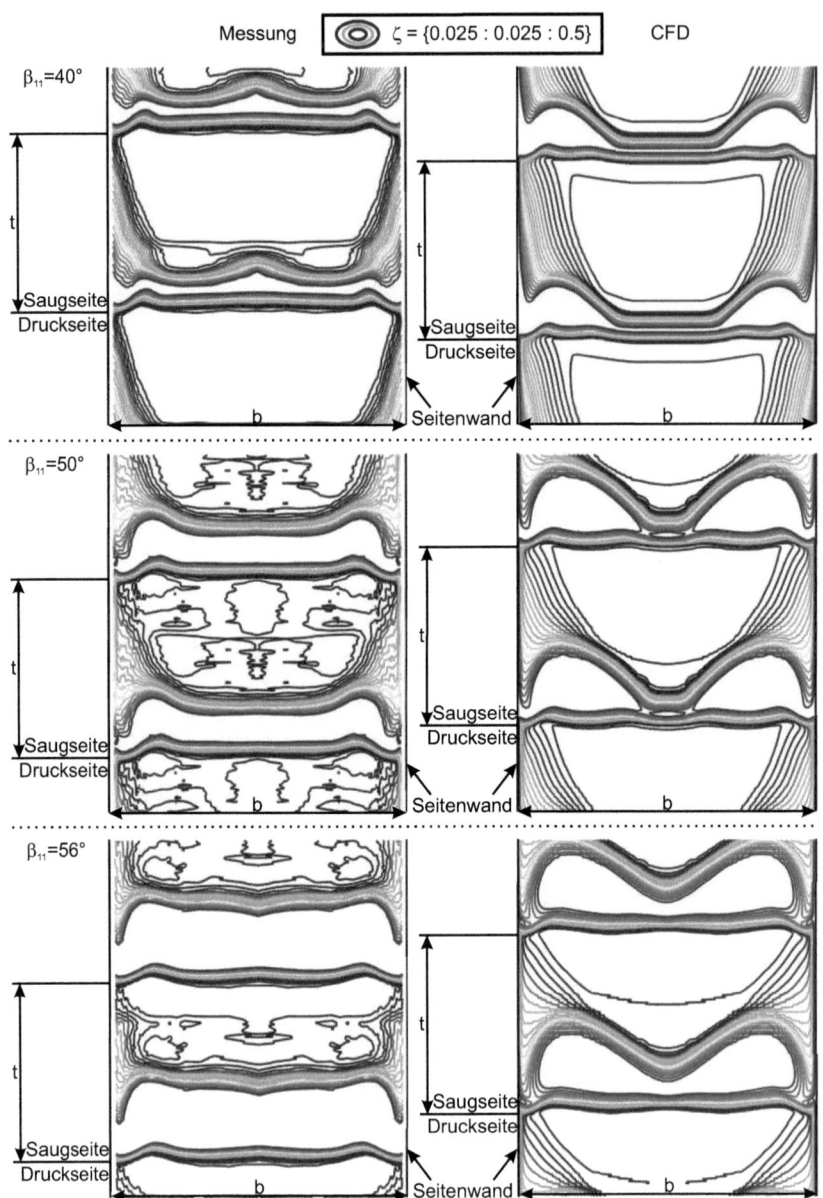

Abbildung 5.33: Örtlicher Gesamtdruckverlustbeiwert ζ in der Messebene des Einzelgitters

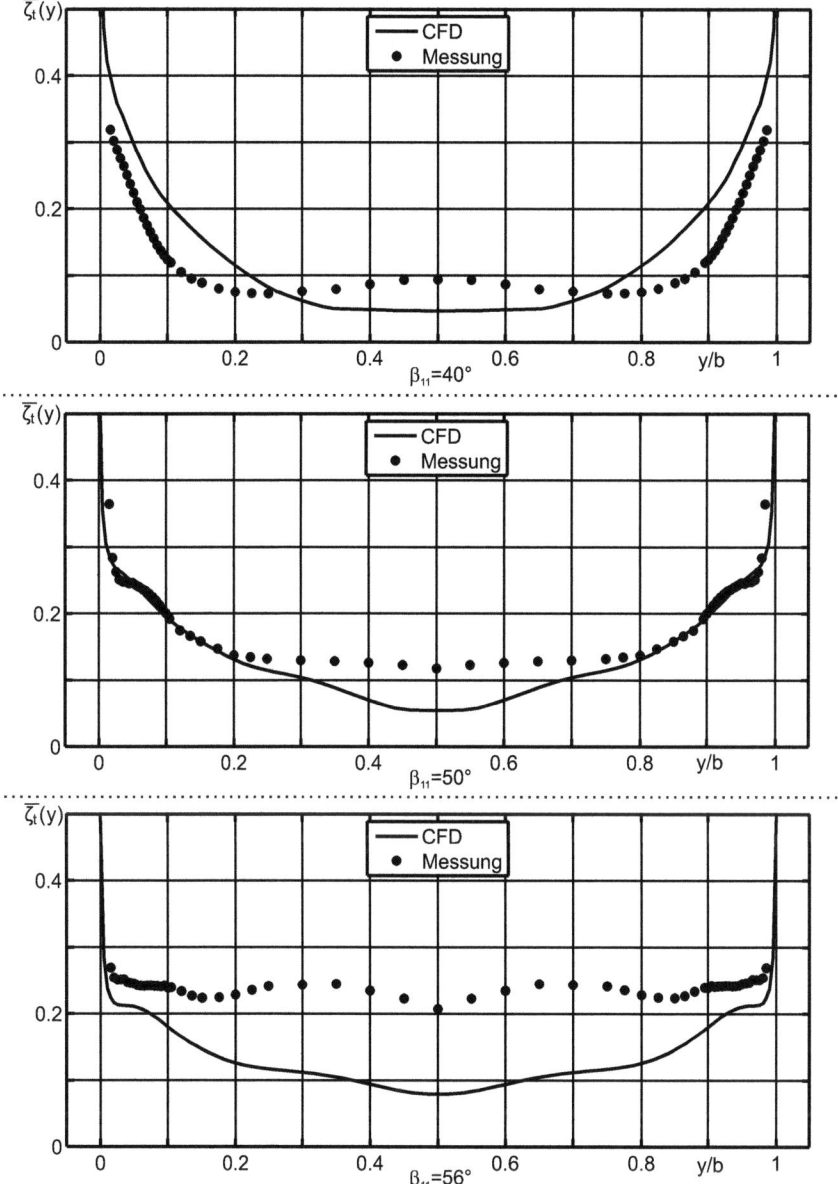

Abbildung 5.34: Über der Teilung massengemittelter Gesamtdruckverlustbeiwert ζ in Abhängigkeit der Schaufelhöhe in der Messebene des Einzelgitters

5.2. DREIDIMENSIONALES STRÖMUNGSVERHALTEN DER GITTERSTRÖMUNGEN

reihe oberhalb der Verlustzonen der hinteren Schaufelreihe liegen. Das Maximum des Gesamtdruckverlustbeiwertes in der Mitte zwischen den Seitenwänden wird von der hinteren Schaufelreihe gebildet. Bei einem Anströmwinkel von $\beta_{11} = 40°$ ist die Sekundärströmung noch schwach und die verlustreichen Gebiete werden nicht weit von der Seitenwand weggetragen. In der Kanalmitte bildet sich dadurch ein relativ breiter Bereich, in dem nahezu zweidimensionale Strömungsbedingungen vorliegen. Es soll an dieser Stelle kurz angemerkt werden, dass in dieser Arbeit von nahezu zweidimensionalen Strömungsbedingungen gesprochen wird, wenn die Breite der Nachlaufdelle in der Kanalmitte über einen größeren Bereich konstant bleibt. Richtung Seitenwand wächst der Bereich hoher Druckverluste an. Die Breite dieses Bereichs wird durch die Ausbreitung der dreidimensionalen Ablöselinien auf der Saugseite der Schaufeln bestimmt. Bei einem Anströmwinkel von $\beta_{11} = 40°$ wurde das Strömungsprofil im Experiment etwas stärker durch die Sekundärströmung beeinflusst als im numerischen Ergebnis, wodurch das Verlustgebiet der vorderen Schaufelreihe (oberer Bereich hoher Verluste in der Messebene) durch die Sekundärströmung an der Seitenwand nach unten gezogen wurde. Die minimal stärkere Sekundärströmung in der hinteren Schaufelreihe ist auch daran erkennbar, dass sich das Verlustgebiet der hinteren Schaufelreihe (unterer Bereich hoher Verluste in der Messebene) etwas mehr in Richtung Kanalmitte ausgebreitet hat. Mit steigendem Anströmwinkel gleicht sich die Kontur des Verlustgebietes jedoch immer weiter an, sodass sie im Auslegungspunkt bei $\beta_{11} = 50°$ nahezu vollständig übereinstimmt. In der Kanalmitte sind außerdem immer noch nahezu zweidimensionale Strömungsverhältnisse vorzufinden. Im Teillastbereich ($\beta_{11} > 50°$) wurde von der CFD eine stärkere Sekundärströmung als im Experiment berechnet, was zu einem stärkeren Ansteigen von Verlusten führt. Die Bereiche hoher Druckverluste in der Messebene sind daher im CFD-Ergebnis größer als in der Messung. Allerdings wächst der Bereich hoher Verluste auch in der Messung so stark an, dass bei einem Anströmwinkel von $\beta_{11} = 56°$ auch in der Kanalmitte das Strömungsprofil beeinflusst wird.

In der Messung wurden zusätzlich im Bereich, in dem die Primärströmung ungestört durch das Gitter strömt, leichte Schwankungen des Gesamtdruckverlustbeiwertes bis $\zeta = 0,05$ gemessen. Sie werden von der im Gitterwindkanal in der Einströmebene verbauten Prandtlsonde verursacht und müssen daher ignoriert werden. Dadurch kommt es bei der Massenmittelung leider zu leicht verfälschten Werten. Abbildung 5.36 zeigt die massengemittelten Gesamtdruckverlustbeiwerte von Messung und CFD über der Schaufelhöhe für die in Abbildung 5.35 dargestellten Strömungsfelder. Für $\beta_{11} = 40°$ stimmt die theoretische und experimentelle Kurve im wandnahen Bereich sehr gut überein. In der Kanalmitte ergeben sich leichte Unterschiede, die auf Fehler bei der numerischen Interpolation zurückgeführt werden. Bei einem Anströmwinkel von $\beta_{11} = 50°$ stimmen die Kurven in der Kanalmitte am besten überein. Im Bereich hoher Verluste sind die experimentellen Werte höher als die numerischen Werte. Verantwortlich hierfür sind die im Bereich hoher Verluste auftretenden Strömungswinkel, bei denen das Kalibrierfeld der Fünflochsonde teilweise überschritten wurde. Die Überschreitung des Kalibrierfeldes ist mit enormen Schwankungen der Messgröße verbunden, wodurch sich bei der Mittelung Fehler ergeben. Durch einen Filter wurden die lokalen Schwankungen auf einen Bereich zwischen $\zeta = 0$ und $\zeta = 1$ begrenzt. Dennoch gehen diese Werte fehlerhaft in die Berechnung des Gesamtdruckverlustbeiwertes ein. Bei $\beta_{11} = 56°$ ist die Übereinstimmung der massengemittelten Werte erstaunlich gut, wenn man bedenkt, dass durch die zu stark berechnete Sekundärströmung in der numerischen Simulation Gebiete mit erhöhten Verlustbereichen entstanden sind.

Der Vergleich der Verlustgebiete von Cascade A mit dem Einzelgitter zeigt, dass beim Tandemgitter die Bereiche hoher Verluste wesentlich kleiner sind als beim

5.2. DREIDIMENSIONALES STRÖMUNGSVERHALTEN DER GITTERSTRÖMUNGEN

Einzelgitter. Die Ursache dafür ist, dass der verlustbehaftete Bereich hinter der dreidimensionalen Ablöselinie auf der Saugseite der Schaufeln beim Einzelgitter wesentlich größer ist als beim Tandemgitter.

KAPITEL 5. ERGEBNISSE

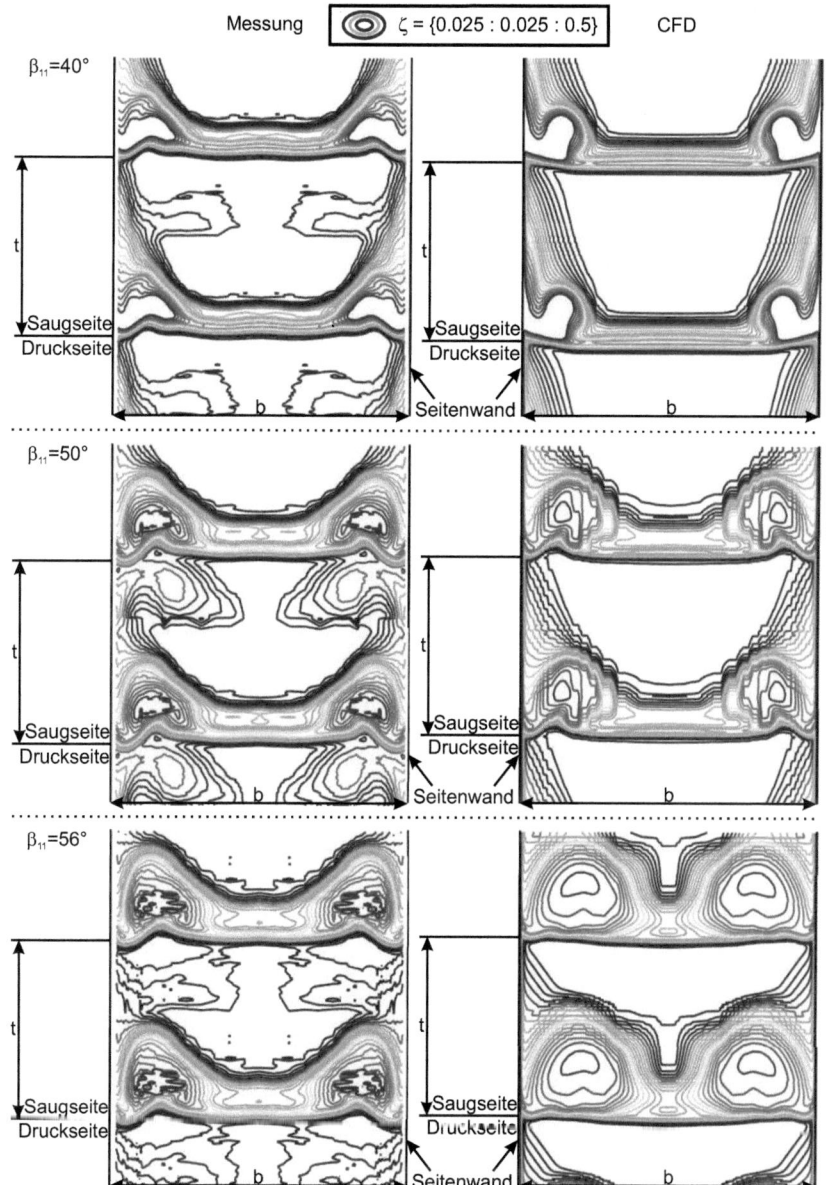

Abbildung 5.35: Örtlicher Gesamtdruckverlustbeiwert ζ in der Messebene von Cascade A

5.2. DREIDIMENSIONALES STRÖMUNGSVERHALTEN DER GITTERSTRÖMUNGEN

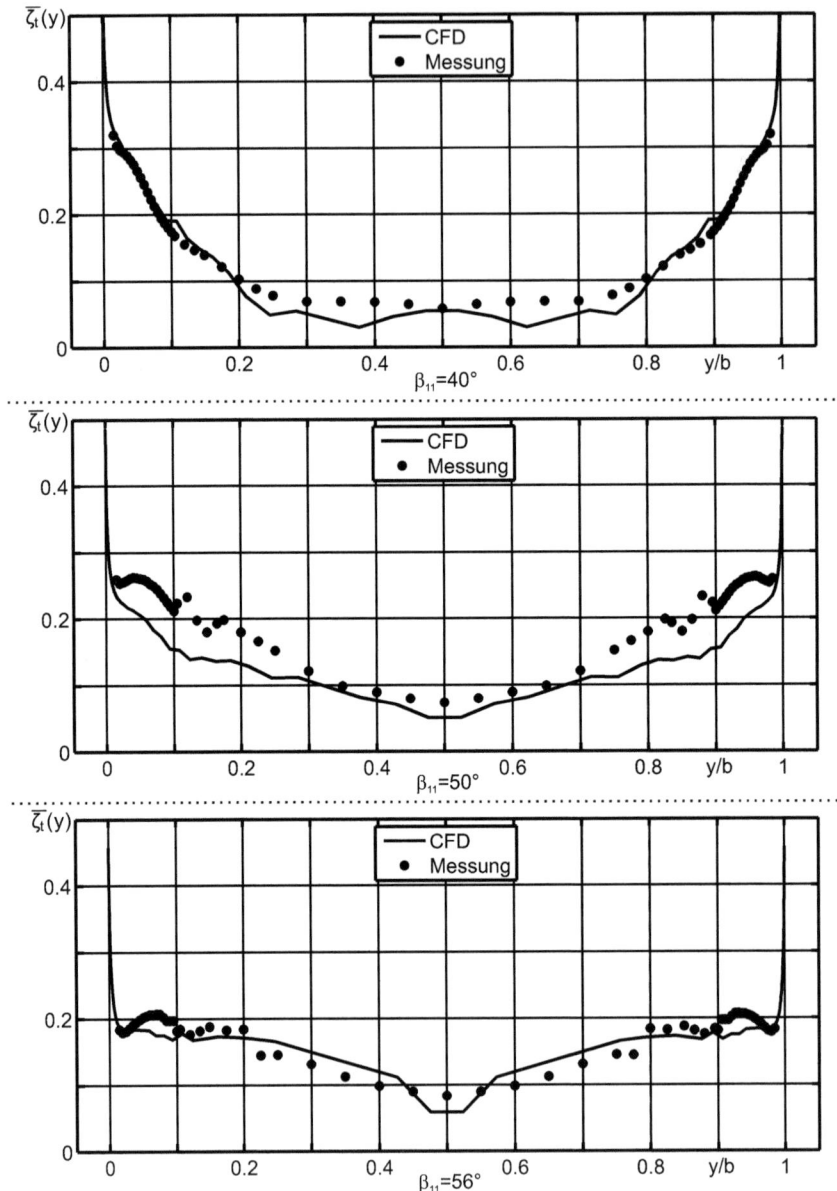

Abbildung 5.36: Über der Teilung massengemittelter Gesamtdruckverlustbeiwert ζ in Abhängigkeit der Schaufelhöhe in der Messebene von Cascade A

In Tandemkonfigurationen, bei denen der Percent Pitch kleiner ist, kommen die charakteristischen Verluste der einzelnen Schaufelreihen stärker zum Ausdruck. Abbildung 5.37 zeigt das Strömungsprofil in der Messebene von Cascade A1. Wie bereits im Kapitel 5.1 gezeigt wurde, sind in der Kanalmitte die individuellen Verlustzonen der einzelnen Schaufeln deutlich sichtbar. Die in der Ecke zwischen Seitenwand und Schaufelsaugseite der vorderen Schaufel entstandene Zone mit erhöhtem ζ-Wert wird durch die Sekundärströmung an der Seitenwand in Richtung Saugseite des hinteren Schaufelprofils transportiert und verbindet sich dort mit der Zone erhöhter ζ-Werte, die aus der Ecke zwischen Seitenwand und Saugseite des hinteren Schaufelprofils stammt. Es ist deutlich erkennbar, dass die Bereiche hoher Druckverluste in der Nachlaufdelle des hinteren Schaufelprofils wesentlich weiter in Richtung Kanalmitte reichen als bei Cascade A. Der Grund dafür wurde bereits in Kapitel 5.2 ausführlich erläutert. Durch den größeren Spalt zwischen den Schaufeln fehlt der Primärströmung auf der Saugseite der Impuls, das von der Seitenwand auf die Saugseite des hinteren Schaufelprofils strömende verlustbehaftete Fluid zur Hinterkante hin zu verdrängen. Es kann sich daher weiter in Richtung Kanalmitte ausbreiten. Die Entwicklung der Corner Stall Region in der vorderen Schaufelreihe erfolgt kontinuierlich mit steigendem Anströmwinkel. Bei einem Anströmwinkel von $\beta_{11} = 40°$ ist der in Abbildung 5.37 dargestellte Bereich hoher Strömungsverluste im Bereich des Nachlaufs der vorderen Schaufel vollständig an der Seitenwand konzentriert. Mit größer werdendem Anströmwinkel werden die Verluste auf der Profilsaugseite der vorderen Schaufel größer und auf der Profiloberfläche weiter in Richtung Kanalmitte transportiert. Sie sind in Abbildung 5.37 für die Anströmwinkel $\beta_{11} = 50°$ und $\beta_{11} = 56°$ noch in der oberen Nachlaufdelle sichtbar. Insgesamt ist zwar der Bereich hoher Verluste in Cascade A1 kleiner als in Cascade A aber aufgrund der Tatsache, dass durch den geringeren Percent Pitch bei Cascade A1 zwei individuelle Nachlaufgebiete der einzelnen Schaufeln entstehen, wird auch der Bereich, den die nahezu verlustfreie Primärströmung

5.2. DREIDIMENSIONALES STRÖMUNGSVERHALTEN DER GITTERSTRÖMUNGEN

einnimmt, kleiner. Die starke Ausbreitung der Verluste der hinteren Schaufelreihe in Richtung Kanalmitte bewirkt zusätzlich, dass unabhängig vom Anströmwinkel in der Kanalmitte keine nahezu zweidimensionalen Strömungsverhältnisse mehr vorzufinden sind.

Für Anströmwinkel von $\beta_{11} > 50°$ steigen die Bereiche großer Druckverluste in den CFD-Simulationen stark an, was in den experimentellen Untersuchungen nicht der Fall ist. Für Anströmwinkel bis $\beta_{11} = 50°$ stimmen die numerischen und experimentellen Ergebnisse gut überein. Das zeigen auch die in Abbildung 5.38 dargestellten massengemittelten Werte. Die geringeren massengemittelten Verluste der Messung bei $\beta_{11} = 50°$ kommen hauptsächlich daher, dass das Gebiet hoher Strömungsverluste der vorderen Schaufelreihe von der Sekundärströmung in der hinteren Schaufelreihe stärker in Richtung Seitenwand transportiert wird als von der CFD berechnet. Dadurch nehmen die massengemittelten Ergebnisse der CFD über einen größeren Abstand zur Seitenwand höhere Werte an als die experimentellen Ergebnisse. Durch die bei einem Anströmwinkel von $\beta_{11} = 56°$ in der CFD einsetzenden großen Corner Stall Regionen weichen erwartungsgemäß auch die massengemittelten Werte von CFD und Experiment stark voneinander ab.

Im Hinblick auf die Verlustentstehung in der Nähe der Seitenwand scheint ein Percent Pitch von 70% im Vergleich zu einem Percent Pitch von 90% durchaus vorteilhaft. In der Kanalmitte allerdings entstehen bei der Konfiguration mit einem Percent Pitch von 90% geringere Verluste. Ein großer Nachteil von Cascade A1 ist, dass die Verluste auf der Saugseite des hinteren Schaufelprofils durch den fehlenden Impuls der Primärströmung und das kleine Teilungsverhältnis der hinteren Schaufelreihe zu weit in Richtung Kanalmitte transportiert werden. Es wäre daher durchaus vorstellbar, dass die Verlustausbreitung durch ein größeres Teilungsverhältnis in der hinteren Schaufelreihe reduziert wird. Dieser Fall wird nun anhand der Ergebnisse von Cascade B und Cascade B1 erläutert.

Bei Cascade B und B1 wird der kritische Anteil der Umlenkung von der vorderen Schaufelreihe bewältigt. Durch das kleine Teilungsverhältnis wird das ins Gitter einströmende Fluid besser geführt, wodurch Anströmungen außerhalb des Auslegungspunktes des Gitters besser abgefangen werden und der Arbeitsbereich des Gitters vergrößert wird. Durch das kleine Teilungsverhältnis wird allerdings auch mehr Sekundärströmung von der Seitenwand auf die Saugseite des vorderen Schaufelprofils transportiert und kann sich dort weiter in Richtung Kanalmitte ausbreiten als bei einem großen Teilungsverhältnis in der vorderen Schaufelreihe wie bei Cascade A und A1. Des Weiteren ist das kleinere Teilungsverhältnis in der vorderen Schaufelreihe auch mit größeren Nachlaufdellen in der Kanalmitte verbunden, da die Schaufeln der vorderen Schaufelreihe länger und dicker sind als bei Cascade A und A1. Das Fluid erfährt dadurch an der Profiloberfläche mehr Reibung. Bei Cascade B kommt es ähnlich wie bei Cascade A durch den hohen Percent Pitch von $PP = 90\%$ zu einer Verschmelzung der Verlustzonen der einzelnen Schaufelreihen. In den Konturplots der Messebene in Abbildung 5.39 ist jedoch deutlich erkennbar, dass der Bereich hoher Druckverluste stärker zum oberen Bereich der Nachlaufdelle zugewandt ist, also zum Einflussbereich der vorderen Schaufelreihe, während der Bereich hoher Druckverluste bei Cascade A eher dem Einflussbereich der hinteren Schaufelreihe (unterer Bereich der Nachlaufdelle) zugeordnet werden kann. Der Bereich hoher Druckverluste und der Bereich sehr geringer Druckverluste ist bei Cascade A und Cascade B für einen Anströmwinkel von $\beta_{11} = 40°$ etwa gleich groß. Vergleicht man die Strömungsbereiche auf der Druckseite der Gitter miteinander, so stellt man fest, dass sich in diesem Bereich über der Schaufelhöhe auch ein sehr ähnliches Druckprofil ausgebildet hat, was ein Anzeichen dafür ist, dass die Sekundärströmung in beiden Gittern etwa gleich stark ist. Auch der Vergleich der massengemittelten Werte über der Schaufelhöhe

5.2. DREIDIMENSIONALES STRÖMUNGSVERHALTEN DER GITTERSTRÖMUNGEN

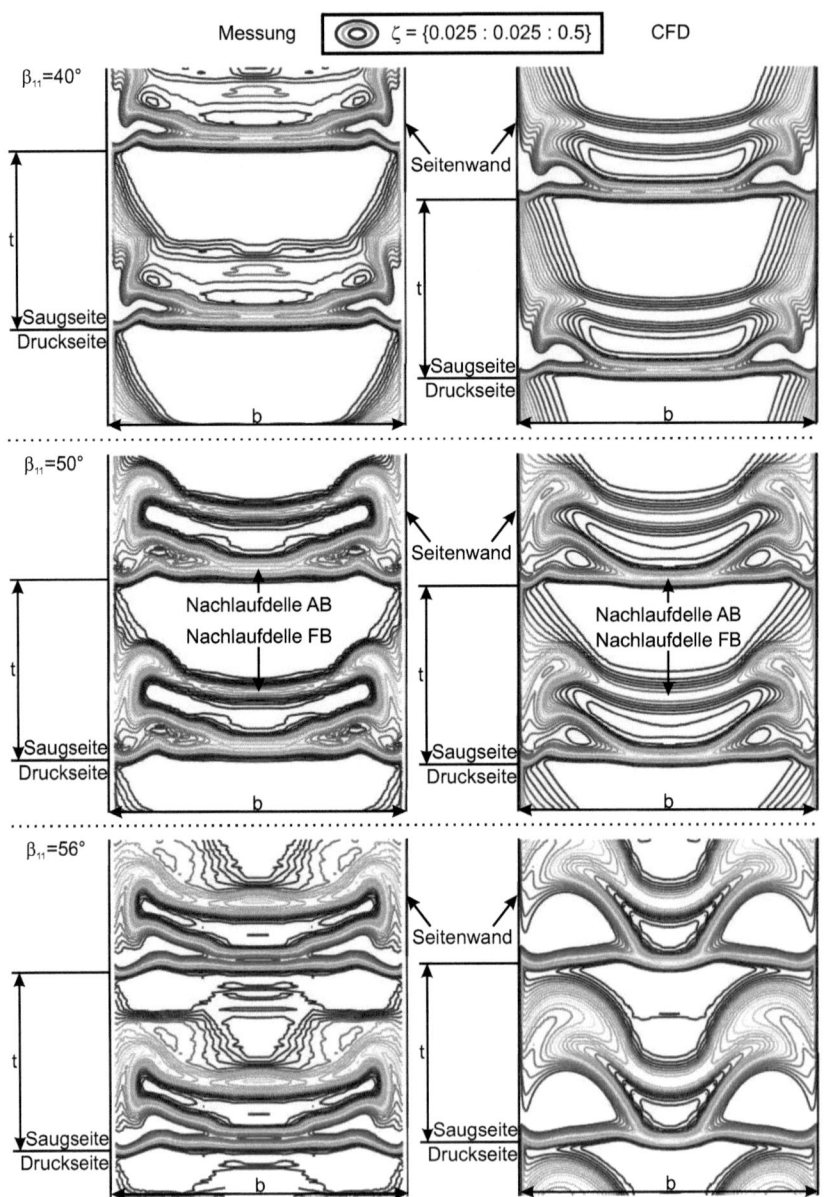

Abbildung 5.37: Örtlicher Gesamtdruckverlustbeiwert ζ in der Messebene von Cascade A1

KAPITEL 5. ERGEBNISSE

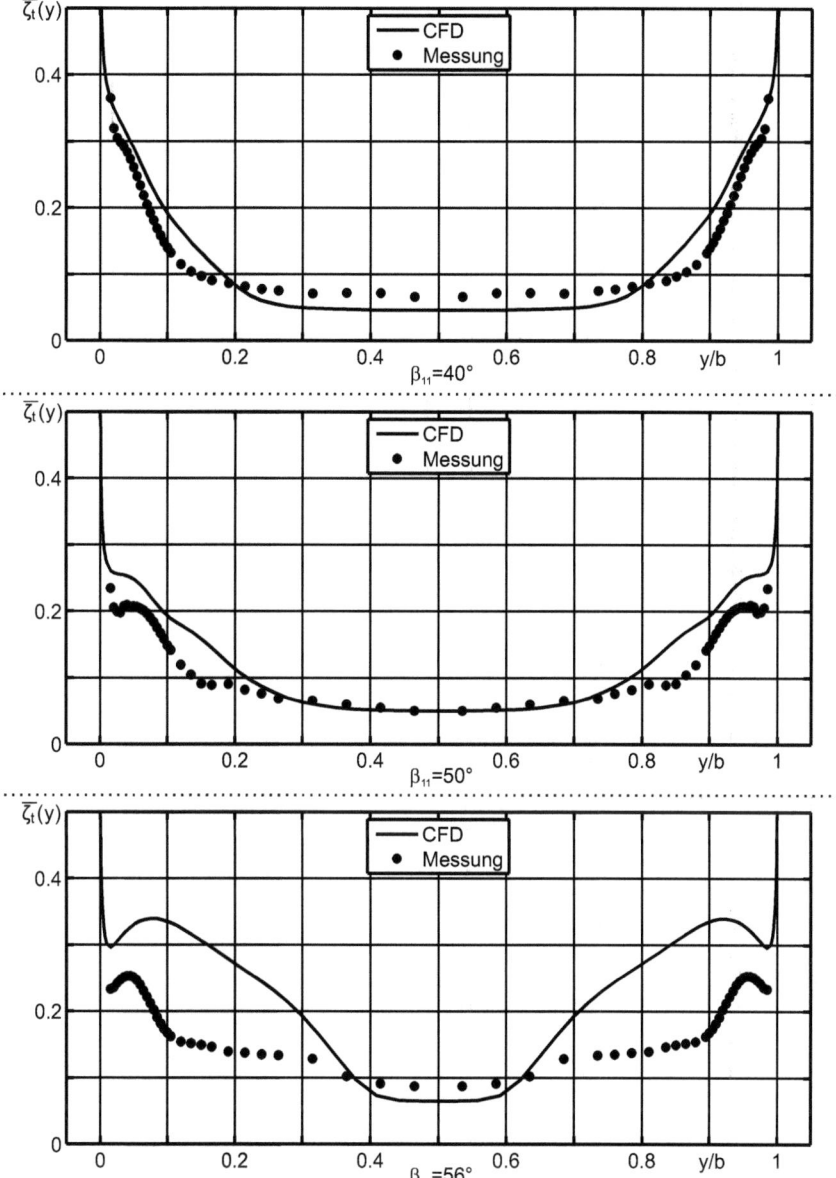

Abbildung 5.38: Über der Teilung massengemittelter Gesamtdruckverlustbeiwert ζ in Abhängigkeit der Schaufelhöhe in der Messebene von Cascade A1

5.2. DREIDIMENSIONALES STRÖMUNGSVERHALTEN DER GITTERSTRÖMUNGEN

(Abb. 5.36 und Abb. 5.40) zeigt, dass Cascade A und Cascade B im Überlastbereich eine ähnliche Performance aufweisen. Im Auslegungspunkt bei $\beta_{11} = 50°$ zeichnen sich die Vorteile von Cascade B in Bezug auf Cascade A dadurch ab, dass der Strömungsbereich, in dem nahezu zweidimensionale Strömungsbedingungen vorzufinden sind, in der Kanalmitte von Cascade B etwas breiter ausgeprägt ist als bei Cascade A. Zur Seitenwand hin steigen die Bereiche hoher Verluste dann etwa gleich stark an. Dies ist besonders gut anhand der über Schaufelhöhe aufgetragenen massengemittelten Gesamtdruckverlustbeiwerte in Abbildungen 5.36 und 5.40 erkennbar. Vorteilhaft wirkt sich hierbei auch die geringere Amplitude des Gesamtdruckverlustbeiwertes von Cascade B bezüglich Cascade A in der Kanalmitte aus. Sie wird im Wesentlichen von der effektiven Sehnenlänge der Schaufeln bestimmt, die bei der vorderen Schaufel von Cascade B immer noch kleiner ist als bei der hinteren Schaufel von Cascade A. Im Teillastbereich bei $\beta_{11} = 56°$ schließlich ist dieser Effekt noch stärker ausgeprägt, wodurch sich der Arbeitsbereich von Cascade B bezüglich Cascade A im Teillastbereich vergrößert.

KAPITEL 5. ERGEBNISSE

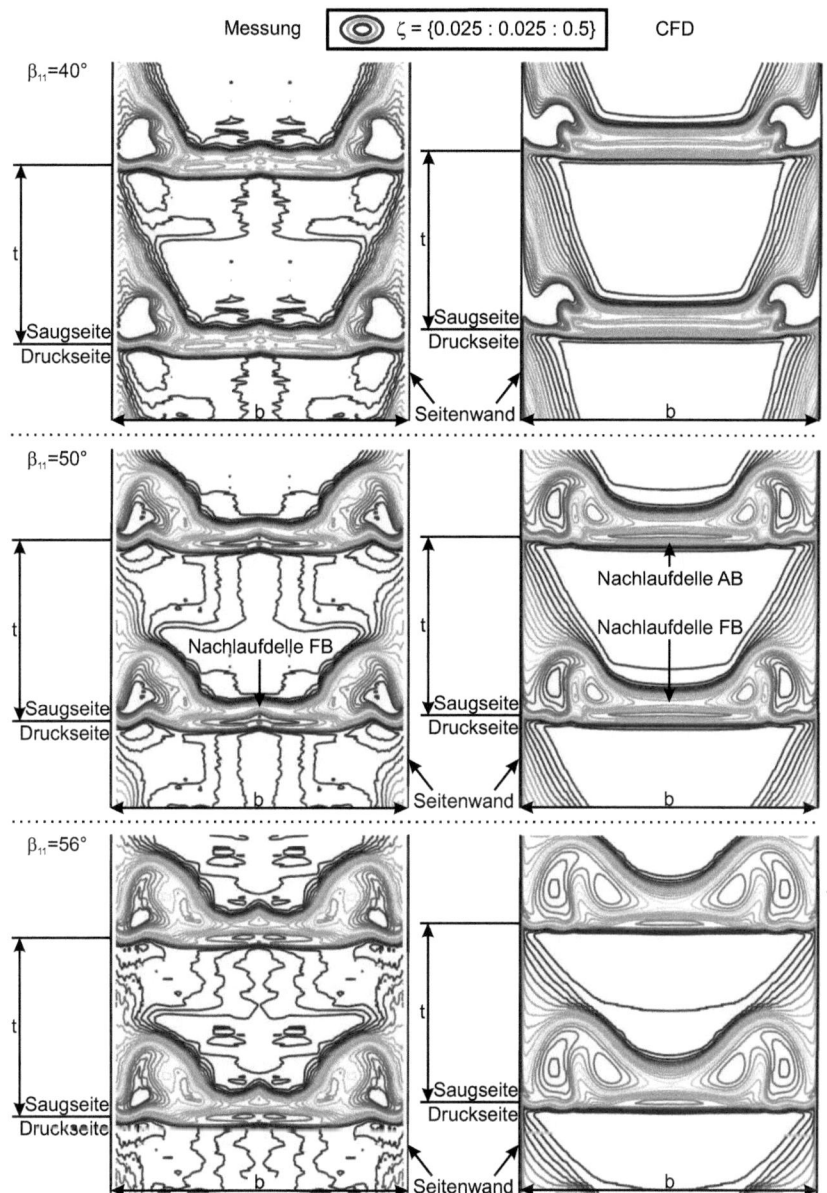

Abbildung 5.39: Örtlicher Gesamtdruckverlustbeiwert ζ in der Messebene von Cascade B

5.2. DREIDIMENSIONALES STRÖMUNGSVERHALTEN DER GITTERSTRÖMUNGEN

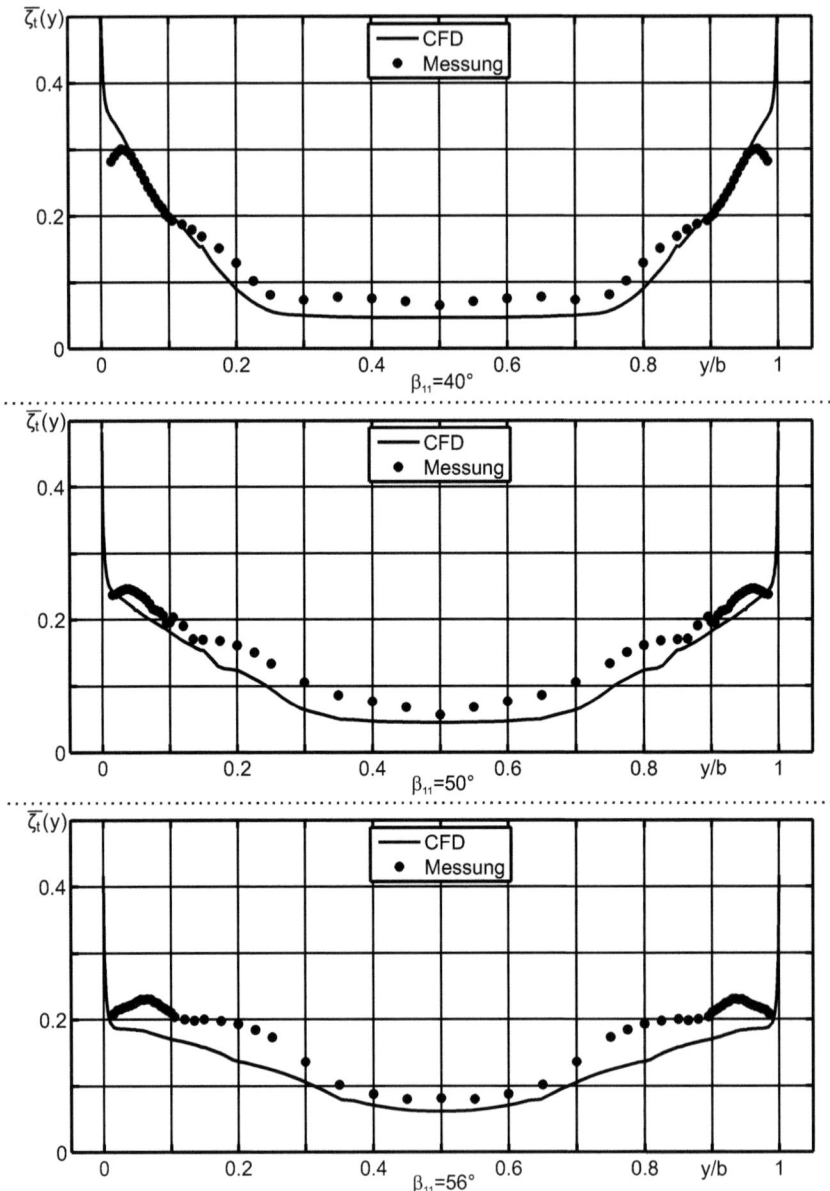

Abbildung 5.40: Über der Teilung massengemittelter Gesamtdruckverlustbeiwert ζ in Abhängigkeit der Schaufelhöhe in der Messebene von Cascade B

Das Strömungsprofil im Nachlauf von Cascade B1 (Abb. 5.41 und 5.42) ist geprägt vom Einfluss eines kleineren Percent Pitch und eines kleinen Teilungsverhältnisses in der vorderen Schaufelreihe. Durch den kleineren Percent Pitch in Bezug auf Cascade B entstehen individuelle Verlustzonen der einzelnen Schaufelreihen in der Kanalmitte. Die im Bereich zwischen Profilsaugseite der vorderen Schaufelreihe und Seitenwand befindliche Zone erhöhter Druckverluste wurde infolge der Sekundärströmung an der Seitenwand in Richtung Saugseite der hinteren Schaufelreihe transportiert. Sie verbindet sich dort mit der Verlustzone, die in der hinteren Schaufelreihe zwischen Seitenwand und Profilsaugseite existiert.

In der hinteren Schaufelreihe kann sich das von der Seitenwand auf die Profilsaugseite strömende Fluid durch den fehlenden Impuls der saugseitigen Primärströmung weiter in Richtung Kanalmitte ausbreiten als es bei Cascade B der Fall ist. Allerdings breitet sich das Fluid durch das große Teilungsverhältnis in der hinteren Schaufelreihe nicht so weit aus, wie es bei Cascade A1 der Fall ist, wo das Teilungsverhältnis in der hinteren Schaufelreihe groß ist.

Die Variation des Anströmwinkels beeinflusst hauptsächlich das Verlustgebiet der vorderen Schaufelreihe. Bei einem Anströmwinkel von $\beta_{11} = 40°$ ist das Gebiet hoher Strömungsverluste relativ klein und an der Seitenwand konzentriert. Mit steigendem Anströmwinkel wird dieses Gebiet größer, während das Verlustgebiet in der hinteren Schaufelreihe nur geringe Änderungen erfährt. Die experimentell ermittelten Ergebnisse stimmen für die Anströmwinkel zwischen $\beta_{11} = 40°$ und $\beta_{11} = 50°$ sehr gut mit den Ergebnissen der numerischen Simulation überein. Für größere Anströmwinkel ergeben sich starke Abweichungen wegen des in der CFD abrupt anwachsenden Corner Stall Bereiches in der vorderen und hinteren Schaufelreihe.

5.2. DREIDIMENSIONALES STRÖMUNGSVERHALTEN DER GITTERSTRÖMUNGEN

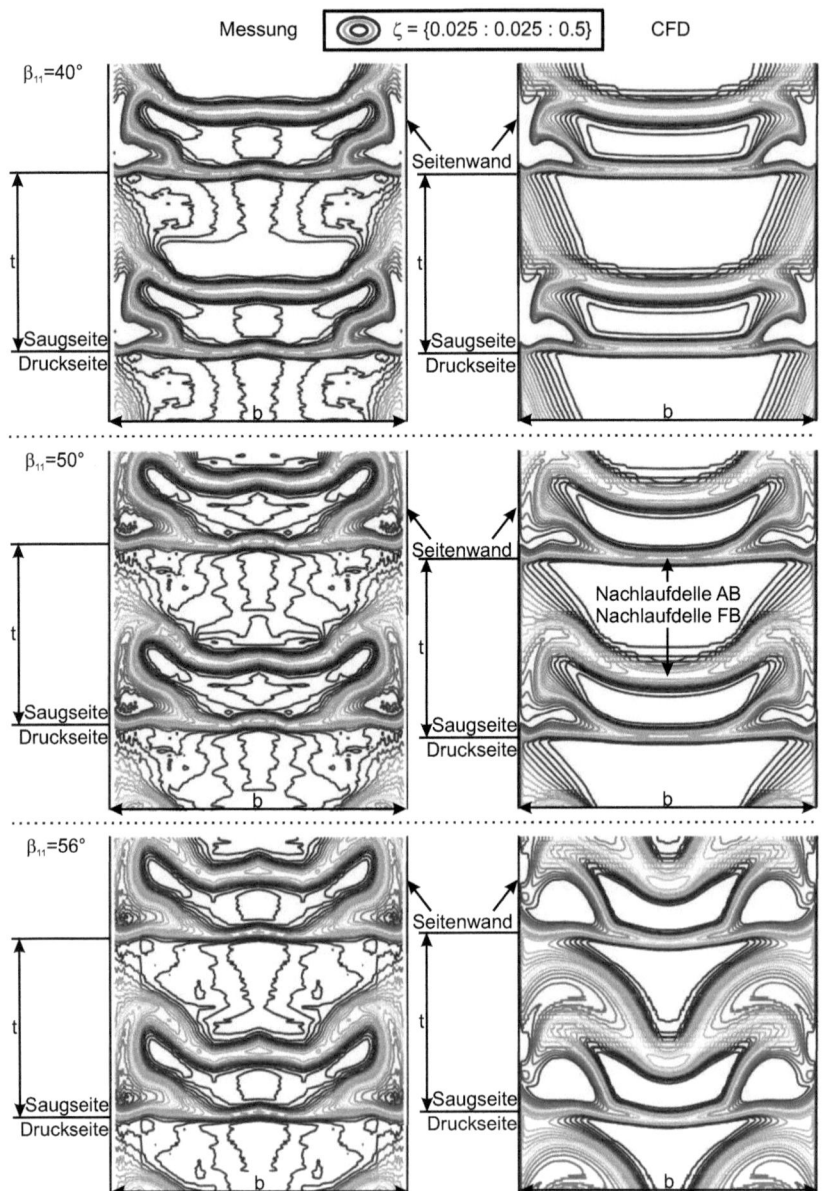

Abbildung 5.41: Örtlicher Gesamtdruckverlustbeiwert ζ in der Messebene von Cascade B1

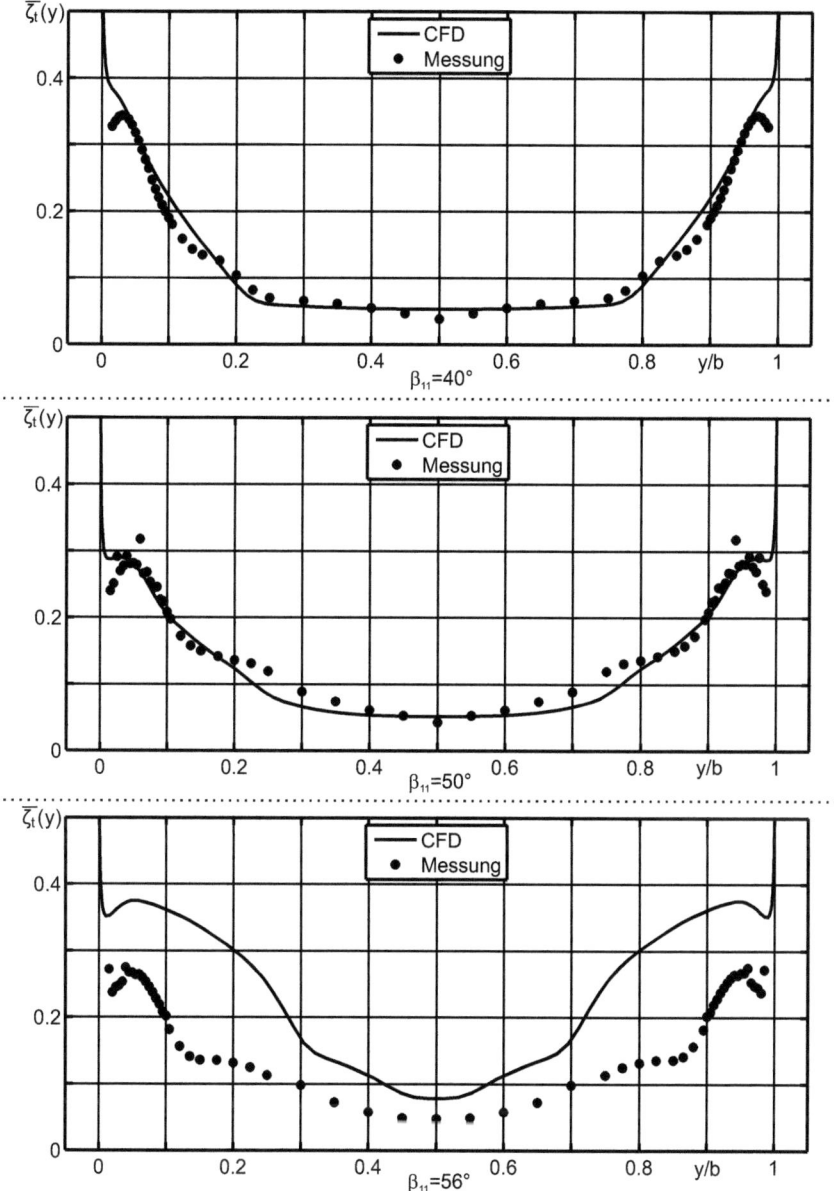

Abbildung 5.42: Über der Teilung massengemittelter Gesamtdruckverlustbeiwert ζ in Abhängigkeit der Schaufelhöhe in der Messebene von Cascade B1

5.2.4 Massenmittelung der Strömungsgrößen im Nachlauf der Gitter

Zum Abschluss des Kapitels werden nun in Abbildung 5.43 die über Teilung und Schaufelhöhe massengemittelten Gesamtbeiwerte der 3D CFD-Simulation und der Messung vorgestellt. Es wird an dieser Stelle nochmals erwähnt, dass in den numerischen Simulationen für Anströmwinkel von $\beta_{11} > 50°$ eine stärkere Sekundärströmung in den Gittern berechnet wurde, als im Experiment nachgewiesen werden konnte. Dies führt zu unterschiedlichen Strömungsphänomenen und damit verbunden auch zu Abweichungen bei der Verlustentstehung. Die Überlegenheit der Tandemgitter in Bezug zu einem vergleichbaren Einzelgitter kann anhand von Abbildung 5.43 recht deutlich gezeigt werden. Das Einzelgitter weist lediglich für einen Anströmwinkel von $\beta_{11} = 40°$ ähnlich gute Werte auf wie die Tandemgitter. Für Anströmwinkel $\beta_{11} > 40°$ ist der massengemittelte Gesamtdruckverlustbeiwert $\bar{\zeta}$ des Einzelgitters wesentlich höher als der der Tandemgitter. Obwohl das Strömungsprofil in der Messebene des Einzelgitters in den numerischen Simulationen große Unterschiede zum gemessenen Strömungsprofil aufweist, liegen die massengemittelten ζ-Werte von Messung und Simulation für Anströmwinkel zwischen $\beta_{11} = 44°$ und $\beta_{11} = 52°$ sehr nah beieinander. Die gemessenen Druckverluste steigen dann ab einem Anströmwinkel von $\beta_{11} = 54°$ wesentlich stärker an als von der CFD berechnet. Die Gesamtdruckverlustbeiwerte der Tandemgitter liegen für alle Tandemkonfigurationen sowohl in der CFD als auch in der Messung sehr nah beieinander. Sie haben alle einen wesentlich größeren Arbeitsbereich als das Einzelgitter. Die Streuung der Messwerte um ihre tatsächliche Polare macht eine genaue Identifizierung des Tandemgitters mit der besten Performance sehr schwierig. Es hilft hierbei die Werte des Axialgeschwindigkeitsverhältnisses μ_{max} hinzuzunehmen. Das Axialgeschwindigkeitsverhältnis ist ein Maß für die Verblockung der Primärströmung. Je höher dessen Wert ist, desto mehr wird die Primärströmung im Gitter infolge einer Einengung des Strömungskanals durch Sekundärströmungseffekte beschleunigt, was dazu führt, dass die Strömung weniger kinetische Energie in Druckenergie umwandelt. Die gemeinsame Betrachtung des Gesamtdruckverlustbeiwertes und des Axialgeschwindigkeitsverhältnisses spricht für die Performance von Cascade B und Cascade B1. Diese Gitter haben die gleiche Aufteilung der Teilungsverhältnisse der einzelnen Schaufelreihen. Ein kleineres Teilungsverhältnis in der vorderen Schaufelreihe ist daher einem großen Teilungsverhältnis in der vorderen Schaufelreihe vorzuziehen.

Das Einzelgitter schneidet auch bei der Betrachtung des Axialgeschwindigkeitsverhältnisses wesentlich schlechter ab als alle betrachteten Tandemgitter. Die Umlenkung $\overline{\Delta\beta}$ ist für alle betrachteten Gitter nahezu gleich. Diese Tatsache rechtfertigt den direkten Vergleich der übrigen Kenngrößen miteinander.

Es ist erstaunlich, dass der Percent Pitch im dreidimensionalen Strömungsfeld weniger Einfluss auf die Verlustentstehung hat als im zweidimensionalen Strömungsfeld. Die optimalen Parameter für den Percent Pitch scheinen daher bei der dreidimensionalen Betrachtung des Strömungsfeldes vom Schaufelhöhenverhältnis abhängig zu sein. Bei kleinen Schaufelhöhenverhältnissen kann es daher vorteilhaft sein den Percent Pitch zu reduzieren.

Aus den Angaben in Abbildung 5.6 und 5.43 lässt sich noch nicht sagen, wie hoch die im dreidimensionalen Gitter tatsächlich erzeugten Gesamtdruckverluste sind. Die Ursache liegt darin begründet, dass der dimensionslose Gesamtdruckverlustbeiwert ζ per Definition auf die Strömungsgrößen in der Kanalmitte des Einströmrandes bezogen ist. Das ist sinnvoll, da der Vergleich mit der Messung dadurch wesentlich vereinfacht wird. Am Einströmrand existiert jedoch das in Abbildung 3.2 dargestellte Strömungsprofil. Durch dieses Strömungsprofil ist der Gesamtdruck in der Grenzschicht geringer als in der Kanalmitte, was bedeutet,

5.2. DREIDIMENSIONALES STRÖMUNGSVERHALTEN DER GITTERSTRÖMUNGEN

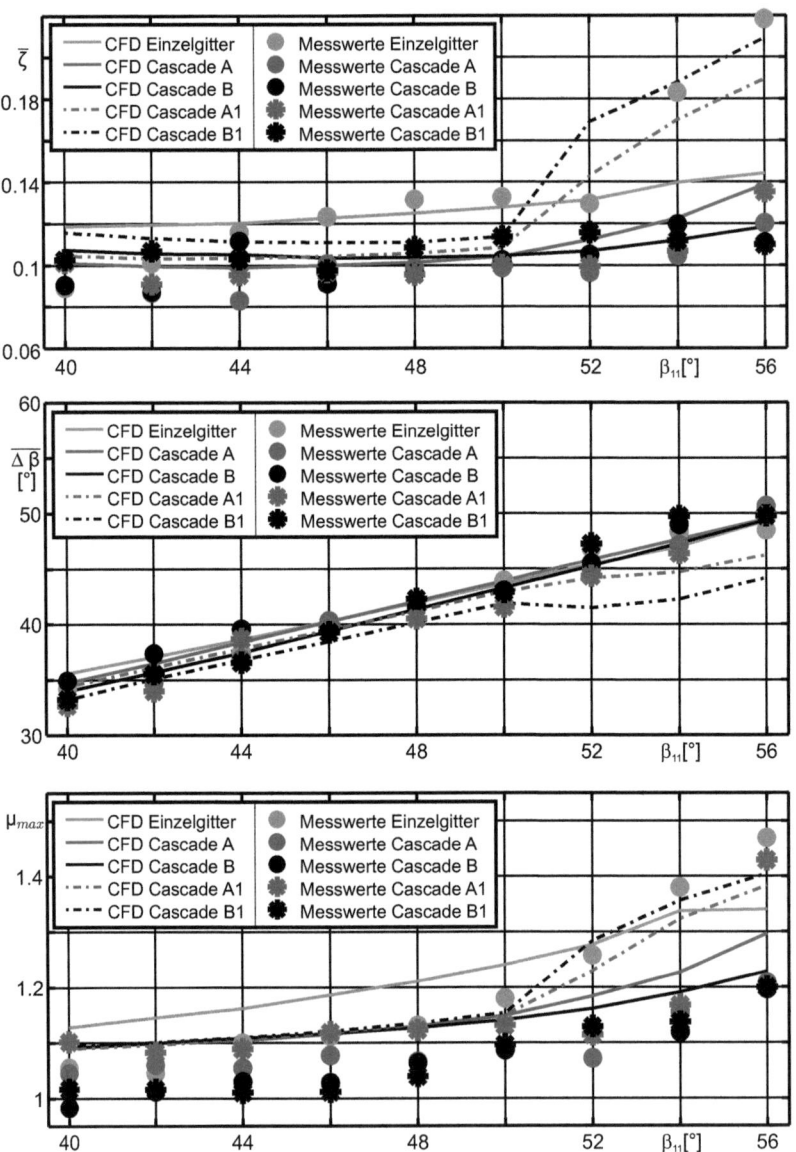

Abbildung 5.43: 3D CFD-Ergebnisse und Messergebnisse der Messebene: Massengemittelter Gesamtdruckverlustbeiwert $\bar{\zeta}$ (Oben), massengemittelte Umlenkung $\overline{\Delta\beta}$ (Mitte) und maximales Axialgeschwindigkeitsverhältnis μ_{max} (Unten) in Abhängigkeit vom Anströmwinkel β_{11}

KAPITEL 5. ERGEBNISSE

dass der massengemittelte Gesamtdruckverlustbeiwert am Einströmrand bereits einen positiven Wert annimmt. Durch die Massenmittelung wird ein direkter Vergleich der Verlustgröße in unterschiedlichen Strömungsebenen möglich. Aus diesem Grund wurden die massengemittelten Gesamtdruckverlustbeiwerte in der Messebene um die massengemittelten Gesamtdruckverlustbeiwerte am Einströmrand korrigiert. Man erhält dadurch den tatsächlichen dreidimensionalen ζ-Wert des Gitters. Die korrigierten Werte sind in Abbildung 5.44 dargestellt.

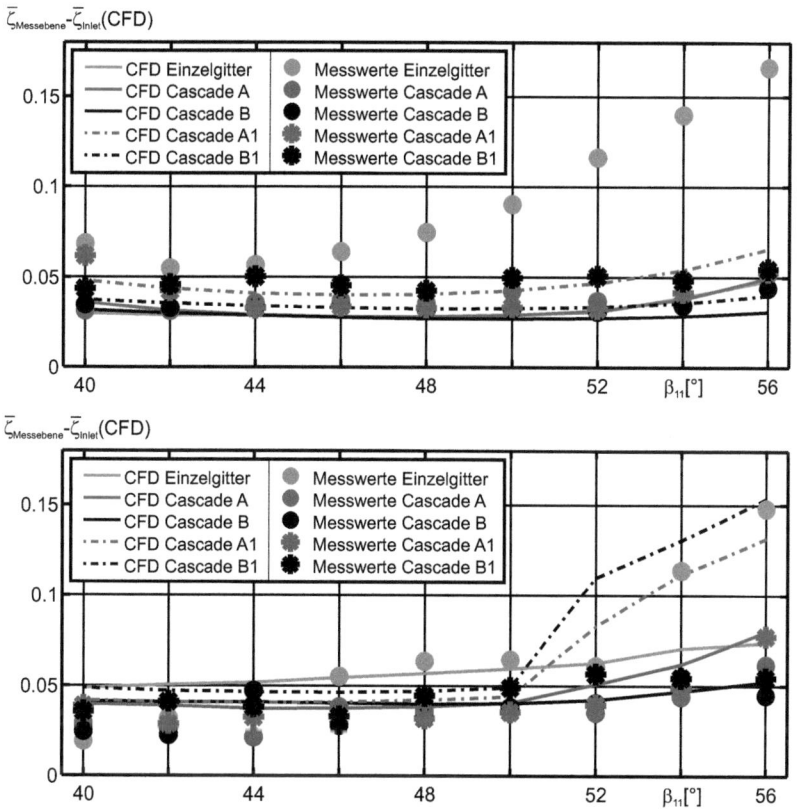

Abbildung 5.44: Korrigierte massengemittelte Gesamtdruckverlustbeiwerte der 2D-Ergebnisse (Oben) und 3D-Ergebnisse (Unten)

159

5.2. DREIDIMENSIONALES STRÖMUNGSVERHALTEN DER GITTERSTRÖMUNGEN

Das obere Bild enthält die korrigierten Werte aus den zweidimensionalen Strömungssimulationen zusammen mit den korrigierten Messwerten in der Kanalmitte. Das untere Bild beinhaltet die korrigierten Ergebnisse der dreidimensionalen Strömungssimulation mit den ebenfalls korrigierten Messwerten der gesamten Messebene. Da der Gesamtdruckverlustbeiwert am Einströmrand bei eingebauten Gittern nicht messtechnisch erfasst werden kann, wurden die korrigierten Messwerte in analoger Weise zu den korrigierten CFD-Werten durch Subtraktion der aus den CFD-Simulationen ermittelten massengemittelten Gesamtdruckverlustbeiwerte der Einströmebene gebildet. Dies setzt die Annahme voraus, dass sich im Experiment dieselbe Druckverteilung am Einströmrand eingestellt hat, wie in den CFD-Simulationen berechnet wurde.

Aus der Differenz der 3D-Werte und der 2D-Werte wird die tatsächliche Verlustentstehung durch die Seitenwand deutlich. Da die 2D-Werte und die 3D-Werte relativ nah beieinander liegen und die Messwerte aufgrund der Messgenauigkeit der verwendeten Drucksensoren und der Messfehler eine gewisse Streuung aufweisen, lassen sich anhand der Messwerte leider keine genauen Schlüsse über die Druckverluste ziehen, die durch den Einfluss der Seitenwand im Gitter entstanden sind. Der Vergleich der numerisch ermittelten Werte zeigt, dass die Verlustentstehung in der dreidimensionalen Strömung des Einzelgitters fast doppelt so groß ist, verglichen mit der zweidimensionalen Strömung, während der Verlustanstieg in der dreidimensionalen Strömung der Tandemgitter wesentlich geringer ist. Die geringsten Verluste werden sowohl in der zweidimensionalen Strömung als auch in der dreidimensionalen Strömung von Tandemgitter Cascade B erzeugt. Die Vorteile wirken sich hauptsächlich bei großen Anströmwinkeln von mehr als 50° aus und werden von der vorderen Schaufelreihe des Gitters bewirkt. Durch das kleine Teilungsverhältnis in der vorderen Schaufelreihe steigen die Verluste bei einer Abweichung vom idealen Anströmwinkel nicht so stark an wie bei großen Teilungsverhältnissen. Der Anströmwinkel der hinteren Schaufelreihe variiert wesentlich weniger, da die vordere Schaufelreihe den gewünschten Abströmwinkel auch bei Anströmungen des Gitters außerhalb des Auslegungspunktes gut realisiert. In der hinteren Schaufelreihe kann daher ein großes Teilungsverhältnis Anwendung finden ohne die Verlustentstehung maßgeblich zu beeinflussen. Auch wenn der Diffusionsparameter D nach Lei, der in Abbildung 2.2 für alle Gitter aufgetragen ist, als Indikator für das Auftreten von Corner Stall in Tandemgitter nicht geeignet ist, so zeigt er dennoch für kleine Teilungsverhältnisse in der vorderen Schaufelreihe eine wesentlich geringere Schaufelbelastung an.

6 Zusammenfassung

6.1 Untersuchungen

In dieser Arbeit wurde die Strömung durch 4 Tandemgitter und 1 Einzelgitter auf ihre Strömungsstruktur und Verlustentstehung in Wandnähe numerisch und experimentell untersucht. Die Schaufeln der Gitter bestehen aus NACA 65 Profilen mit einem Dickenverhältnis von 10%. Alle Gitter wurden für dieselbe Strömungsumlenkung ausgelegt und haben ein Teilungsverhältnis von $\frac{t}{l_{eff}} = 0,6$. Im Auslegungspunkt werden die Gitter unter einem Anströmwinkel von $\beta_{11} = 50°$ bei einer Reynoldszahl von $Re = 8 \cdot 10^5$ angeströmt. Ziel ist eine Umlenkung der Strömung auf $\beta_{22} = 0°$. Das Schaufelhöhenverhältnis $\frac{b}{l_{eff}}$ beträgt 1. Für die Untersuchungen wurde der Anströmwinkel β_{11} zwischen 40° und 56° in 2°-Schritten variiert.

Ziel der Untersuchungen war die Ermittlung des Einflusses unterschiedlicher Teilungsverhältnisse der einzelnen Schaufelreihen des Tandemgitters bei zugleich gleichmäßiger Aufteilung der aerodynamischen Last auf die Schaufelreihen. Des Weiteren sollte der Einfluss der relativen Lage der Tandem-Schaufeln zueinander untersucht werden. Zur Auswahl der Tandemgitter wurde der Diffusionsfaktor nach Lieblein als Indikator für die aerodynamische Belastung der zweidimensionalen Strömung und der Diffusionsparameter nach Lei als Indikator für die aerodynamische Belastung der Strömung in Wandnähe angewendet. Da der Diffusionsparameter nach Lei lediglich für Einzelprofile gültig ist, wurde dessen Anwendbarkeit als Indikator für das Auftreten von Corner Stall in Tandemgittern überprüft. Hierzu wurden zwei Tandemgitter zur Untersuchung ausgewählt, bei denen der kritische Wert für das Auftreten von Corner Stall überschritten wurde und zwei weitere Tandemgitter, bei denen der kritische Wert nicht erreicht wurde.

6.2. ERGEBNISSE

Das untersuchte Einzelgitter dient als Referenzgitter. Für alle Gitter wurden zweidimensionale und dreidimensionale stationäre numerische Strömungssimulationen durchgeführt. Die numerischen Ergebnisse wurden anschließend durch umfangreiche Fünflochsondenmessungen, Messungen der Druckverteilung auf den Schaufeln und experimentelle Anstrichbilder an einem Gitterwindkanal validiert.

6.2 Ergebnisse

Die Ergebnisse der zweidimenisionalen Strömungssimulationen bestätigen zunächst einmal die Angaben der allgemein verfügbaren Literatur. Tandemgitter weisen einen größeren Arbeitsbereich auf als Einzelgitter und verursachen geringere Strömungsverluste. Für die vorgegebene Umlenkaufgabe werden mit einem Percent Pitch von $PP = 90\%$ geringere Strömungsverluste erreicht als mit einem Percent Pitch von $PP = 70\%$. Desweiteren scheinen Tandemgitter, bei denen die vordere Schaufelreihe mit einem kleinen Teilungsverhältnis ausgeführt ist, vor allem im Teillastbereich einen größeren Arbeitsbereich aufzuweisen. Fünflochsondenmessungen in der Mitte zwischen den Seitenwänden bestätigen die numerischen Ergebnisse.

Anhand der dreidimensionalen Ergebnisse wird die Strömungsstruktur in den Gittern klar ersichtlich. Innerhalb eines Gitters bildet sich aufgrund der geringeren Geschwindigkeit des Fluids innerhalb der Seitenwandgrenzschicht eine Sekundärströmung aus, die der Primärströmung überlagert wird. Die Sekundärströmung bewirkt, dass energiereiches Fluid aus der Kanalmitte über die Druckseite der Schaufeln an die Seitenwand transportiert wird und das an der Seitenwand befindliche Fluid mit geringem Totaldruck über die nächstgelegene Schaufelsaugseite von der Seitenwand in Richtung Kanalmitte transportiert wird. Während sich in Einzelgittern die Sekundärströmung über der gesamten Gitterlänge kontinuierlich ausbildet, wird in Tandemgittern zunächst ein Sekundärströmungsprofil in der vorderen Schaufelreihe erzeugt, das der Primärströmung überlagert wird und in die hintere Schaufelreihe einströmt. Dort bildet sich erneut ein Sekundärströmungsprofil der hinteren Schaufelreihe aus, das wiederum dem vorhandenen Strömungsprofil überlagert wird. Durch entgegengerichtete Geschwindigkeitskomponenten an der Schaufelhinterkante entstehen Wirbel nahe der Seitenwand, die je nach Konfiguration der Schaufelprofile und Stärke der Sekundärströmung in der hinteren Schaufelreihe einen Corner Stall hervorrufen. Die Stärke der Sekundärströmung ist abhängig von der Umlenkung der Strömung innerhalb einer Schaufelreihe und der daraus resultierenden Druckverteilung auf den Schaufeloberflächen. Dies kann sehr anschaulich anhand der gemessenen und aus CFD ermittelten c_p-Verteilung gezeigt werden. Die Sekundärströmung in der vorderen Schaufelreihe kann auch durch den Percent Pitch beeinflusst werden, da durch den Percent Pitch der Druckgradient zwischen Druckseite der vorderen Schaufelreihe und Saugseite der hinteren Schaufelreihe eingestellt wird. Es ist dadurch möglich, durch eine Reduzierung des Percent Pitch die Sekundärströmung positiv zu beeinflussen. Allerdings wirkt sich eine Reduzierung des Percent Pitch nachteilig auf die Strömung auf der Saugseite der hinteren Schaufelreihe aus, da das durch den Spalt zwischen den Schaufelreihen strömende Fluid nicht ausreichend beschleunigt wird, um die von der Seitenwand auf die Saugseite der hinteren Schaufelreihe kommende energiearme Strömung zur Hinterkante hin zu verdrängen. Bei der Festlegung des Percent Pitch sollte daher bei der Auslegung ein Kompromiss unter Einbeziehung des Schaufelhöhenverhältnisses gefunden werden, um minimale Strömungsverluste und ein möglichst gleichförmiges Strömungsfeld hinter dem Gitter zu realisieren.

Da der Abströmwinkel der vorderen Schaufelreihe nahezu unabhängig vom Anströmwinkel ist, kann die hintere Schaufelreihe unabhängig vom Betriebspunkt

6.2. ERGEBNISSE

nahe an ihrem Auslegungspunkt angeströmt werden. Die Ergebnisse haben gezeigt, dass Tandemgitter mit einem kleinen Teilungsverhältnis in der vorderen Schaufelreihe einen größeren Arbeitsbereich aufweisen, da in der vorderen Schaufelreihe geringere Verluste entstehen, wenn sie außerhalb des Auslegungspunktes angeströmt werden. Die c_p-Verteilung zeigt außerdem, dass die Umlenkung sanfter eingeleitet wird als mit großen Teilungsverhältnissen in der vorderen Schaufelreihe. Die vordere Schaufelreihe leitet die Strömung ins Gitter. Ihr sollte daher bei der Auslegung eines Tandemgitters besondere Aufmerksamkeit gewidmet werden.

Corner Stall konnte in allen Gittern beobachtet werden. Der von Lei eingeführte Diffusionsparameter sollte daher nicht als Indikator für das Auftreten von Corner Stall in Tandemgittern verwendet werden.

Die numerischen und experimentellen Ergebnisse haben gezeigt, dass die CFD zur Berechnung der Strömungsstruktur in einer dreidimensionalen Grenzschicht geeignet ist. Dies konnte anhand der numerisch und experimentell erstellten Ölanstrichbildern gezeigt werden. Auch die von der CFD berechneten Strömungsgrößen im Nachlauf der Gitter sowie die Druckverteilung auf den Schaufelprofilen stimmen gut mit den experimentellen Ergebnissen überein. Voraussetzung für eine gute Approximation des Strömungsfeldes sind neben entsprechend fein aufgelösten Rechennetzen eine möglichst genaue Festlegung der korrekten Randbedingungen. Die Berechnung der Grenzschichtströmung mit Hilfe von Wandfunktionen führt dazu, dass die Strömungsstruktur und damit auch die Strömungsgrößen im Nachlauf der Gitter falsch berechnet werden. Auch größere Rezirkulationsgebiete werden von der CFD häufig falsch berechnet. Sie traten in den untersuchten Gittern im Teillastbereich an der Seitenwand auf. Ein Grund für die Abweichungen kann in einer zu geringen Auflösung des Rechennetzes in diesen Bereichen liegen. Eine erforderliche Justierung der Randbedingungen am Einströmrand, die bei eingebautem

Gitter nur schwierig messtechnisch erfasst werden können, könnte die Abweichungen ebenfalls erklären, da auch die Grenzschichtdicke der Seitenwandgrenzschicht Einfluss auf die Stärke der Sekundärströmung hat.

6.3 Ausblick

Die Ergebnisse der Untersuchungen haben gezeigt, dass Tandemgitter bei großen Umlenkungen gegenüber Einzelgittern sowohl in einer zweidimensionalen Strömung als auch in einer dreidimensionalen Strömung geringere Verluste verursachen. In dieser Arbeit wurde einerseits der Einfluss des Teilungsverhältnisses der Schaufelreihen und andererseits der Einfluss des Percent Pitch auf die Strömungsstruktur in Tandemgittern untersucht. Die Untersuchungen fanden bei konstanter Grenzschichtdicke sowie konstantem Schaufelhöhenverhältnis statt. Die Ergebnisse dieser Arbeit legen die Vermutung nahe, dass die idealen Parameter für den Percent Pitch vom Schaufelhöhenverhältnis abhängig sind. Die Ermittlung der idealen Parameter für den Percent Pitch eines Tandemgitters in Abhängigkeit der Umlenkung und des Schaufelhöhenverhältnisses wäre daher sinnvoll. Diese Aufgabe ist zwar mit erheblichem Aufwand verbunden, allerdings könnte der Fokus auf der numerischen Strömungssimulation unter Beachtung der in dieser Arbeit erläuterten notwendigen Randbedingungen liegen und größtenteils auf Experimente verzichtet werden.

Das Grenzschichtprofil der Seitenwandgrenzschicht beeinflusst die im Gitter hervorgerufene Sekundärströmung. Eine Untersuchung, wie stark die Strömungsstruktur in Tandemgittern von der Grenzschichtdicke der Zuströmung beeinflusst wird, wäre ebenfalls eine ideale Ergänzung dieser Arbeit. Diese Untersuchungen sollten allerdings numerisch und experimentell durchgeführt werden. Es bedarf hierzu einer konstruktiven Maßnahme am Gitterwindkanal, mit der sich die Grenz-

6.3. AUSBLICK

schichtdicke variabel einstellen lässt. Mit Hilfe berührungsloser Messtechnik (PIV oder LDA) wäre eine Vermessung des Strömungsprofils am Einströmrand bei eingebautem Gitter möglich, sodass die korrekten Randbedingungen in den numerischen Simulationen angewendet werden können.

Literaturverzeichnis

[1] BRÄUNLING, W. J. G.: *Flugzeugtriebwerke*. 3. Auflage. Heidelberg : Springer Verlag, 2009

[2] SQUIRE, H. B. ; WINTER, K. G.: The Secondary Flow in a Cascade of Airfoils in a Non-Uniform Stream. In: *Journal of the Aeronautical Sciences* 18 (1951), S. 271–277

[3] HAWTHRONE, W. R.: Secondary Circulation in Fluid Flow. In: *Proceedings of the Royal Society* Bd. 206, 1951 (A), S. 374–387

[4] HAWTHRONE, W. R.: ROTATIONAL FLOW THROUGH CASCADES PART I. THE COMPONENTS OF VORTICITY. In: *The Quarterly Journal of Mechanics & Applied Mathematics* 8 (3) (1955), S. 266–279

[5] CAME, P.M. ; MARSH, H.: Secondary Flow in Cascades: Two Simple Derivations for the Components of Vorticity. In: *Journal of Mechanical Engineering Science* 16 (1974), S. 391–401

[6] OHASI, H.: Theoretical and Experimental Investigations on Tandem Pump Cascades with High Deflection. In: *Ingenieur Archiv* 27 (1959)

[7] RAILY, J. W. ; EL-SARA, M. E.: An Investigation of the Flow Through Tandem Cascades. In: *Proc. Of Institute of Mechanical Engineers* Bd. 180, 1965

[8] G. WU, B. Z. ; GUO, B.: Experimental Investigation of Tandem Blade Cascades with Double Circular Arc Profiles. In: *International Journal of Turbo & Jet-Engines*, 1985

[9] BAMMERT, K. ; STAUDE, R.: Optimization for Rotor Blades of Tandem

Design for Axial Flow Compressors. In: *Journal of Engineering for Power* 102 (1980), S. 369–375

[10] BAMMERT, K. ; BEELTE, H.: Investigations of an Axial Flow Compressor with Tandem Cascades. In: *Journal of Engineering for Power* 102 (1980), S. 971–977

[11] HASEGAWA, H. ; MATSUOKA, A. ; SUGA, S.: Development of Highly Loaded Fan with Tandem Cascade. In: *41st Aerospace Sciences Meeting and Exhibit*, 2003

[12] MCGLUMPHY, J.: *Numerical Investigation of Subsonic Axial-Flow Tandem Airfoils for a Core Compressor Rotor*, Virginia Polytechnic Institute and State University, Diss., 2008

[13] LIEBLEIN, S.: Experimental Flow in Two-Dimensional Cascades. In: *Aerodynamic Design of Axial-Flow Compressors, NASA-SP 36*. NASA, 1965

[14] FALLA, G. C.: *Numerical Investigation of the Flow in Tandem Compressor Cascades*, Technische Universität Wien, Diss., 2004

[15] LEI, V.-M. ; SPAKOVSZKY, Z. S. ; GREITZER, E. M.: A criterion for axial compressor hub-corner stall. In: *ASME Turbo Expo 2006: Power for Land, Sea and Air*, 2006

[16] LEI, V.-M. ; SPAKOVSZKY, Z. S. ; GREITZER, E. M.: A criterion for axial compressor hub-corner stall. In: *Journal of Turbomachinery* 130 (2008), S. 031006–1–10

[17] ABBOTT, I. H. ; DOENHOFF, A. E. ; L. S. STIVERS, Jr.: Report No. 824 - Summary of Airfoil Data / National Asvisory Committee for Aeronautics. 1945. – Forschungsbericht

[18] SCHLUER, C. ; BÖHLE, M. ; CAGNA, M.: Numerical Investigation of the Secondary Flows and Losses in a High Turning Tandem Compressor Cascade. In: *8th European Turbomachinery Conference*, 2009

[19] CAROLUS, Thomas: *Ventilatoren*. Springer Vieweg Verlag, 2013

[20] FERZIGER, J.H. ; PERIC, M.: *Numerische Strömungsmechanik*. Springer-Verlag, 2008

[21] OERTEL, H. ; BÖHLE, M. ; DOHRMANN, U.: *Strömungsmechanik*. Viewegverlag, 2006

[22] ANSYS: *ANSYS FLUENT Theory Guide Release 13.0*. ANSYS, Inc., 2010

[23] ANSYS: *ANSYS FLUENT User's Guide Release 13.0*. ANSYS, Inc., 2010

[24] KLEIN, C.: *Numerische und experimenteller Vergleich der Strömungsstruktur zweier Tandegitter in Wandnähe unter Anwendung der Regeln zur Strömungstopologie*, Technische Universität Kaiserslautern, Bachelorarbeit, 2013

I want morebooks!

Buy your books fast and straightforward online - at one of the world's fastest growing online book stores! Environmentally sound due to Print-on-Demand technologies.

Buy your books online at
www.get-morebooks.com

Kaufen Sie Ihre Bücher schnell und unkompliziert online – auf einer der am schnellsten wachsenden Buchhandelsplattformen weltweit! Dank Print-On-Demand umwelt- und ressourcenschonend produziert.

Bücher schneller online kaufen
www.morebooks.de

VDM Verlagsservicegesellschaft mbH
Heinrich-Böcking-Str. 6-8
D - 66121 Saarbrücken   Telefax: +49 681 93 81 567-9

info@vdm-vsg.de
www.vdm-vsg.de

Printed by Books on Demand GmbH, Norderstedt / Germany